高等职业教育精品工程系列教材

ABB 工业机器人制造系统集成技术应用

黄鹏程　王桂锋　肖建章　主　编

林　雪　傅云峰　徐明辉　陈中哲　副主编

U0226317

電子工業出版社.

Publishing House of Electronics Industry

北京·BEIJING

内 容 简 介

本书针对传统制造生产系统向智能制造单元进行技术升级的实际问题，以智能控制技术应用为核心，以机械零部件加工、打磨、监测工序的智能制造过程为背景，介绍了工业机器人集成系统基础知识、工业机器人工作站与视觉系统集成、工业机器人工作站与分拣系统集成、工业机器人工作站与数控系统集成、工业机器人工作站与立库系统集成等内容。

本书内容涵盖系统功能分析、系统集成设计、成本控制、工作站布局规划、安装部署、编程调试和优化改进等完整的教学和实践项目，可以让读者在完成基础学习和训练后，通过智能仓储物流、工业机器人、数控加工、智能检测等模块的综合练习，提升智能制造相关技能水平。

本书既可作为高等职业院校工业机器人相关专业课程的教学用书，也可作为企业工程技术人员的参考书。

图书在版编目（CIP）数据

ABB 工业机器人制造系统集成技术应用 / 黄鹏程，王桂锋，肖建章主编. —北京：电子工业出版社，2021.1

ISBN 978-7-121-40084-1

Ⅰ．①A… Ⅱ．①黄… ②王… ③肖… Ⅲ．①工业机器人—系统集成技术—高等学校—教材

Ⅳ．①TP242.2

中国版本图书馆 CIP 数据核字（2020）第 238662 号

责任编辑：郭乃明　　　特约编辑：田学清
印　　刷：北京七彩京通数码快印有限公司
装　　订：北京七彩京通数码快印有限公司
出版发行：电子工业出版社
　　　　　北京市海淀区万寿路 173 信箱　邮编　100036
开　　本：787×1 092　1/16　印张：11　字数：281.6 千字
版　　次：2021 年 1 月第 1 版
印　　次：2024 年 1 月第 4 次印刷
定　　价：38.00 元

凡所购买电子工业出版社图书有缺损问题，请向购买书店调换。若书店售缺，请与本社发行部联系，联系及邮购电话：（010）88254888，88258888。

质量投诉请发邮件至 zlts@phei.com.cn，盗版侵权举报请发邮件至 dbqq@phei.com.cn。

本书咨询联系方式：（010）88254561，34825072@qq.com。

前　　言

　　当前，以工业机器人为代表的智能制造逐渐成为全球新一轮生产技术革命浪潮中最澎湃的浪花，推动着各国经济发展的进程。随着工业互联网、云计算、大数据、物联网等新一代信息技术的快速发展，社会智能化的发展日益加快，工业机器人的服务也从工业制造领域逐渐拓展到教育娱乐、医疗康复、安防救灾等领域。工业机器人已成为智能社会不可或缺的人类助手。就国际形势来看，美国的"工业互联网"战略、德国"工业4.0"战略、欧洲"火花计划"、日本"工业机器人新战略"等，均将"工业机器人产业"作为发展重点，试图通过数字化、网络化、智能化夺回制造业优势。就国内发展而言，经济下行压力增强、环境约束日益趋紧、人口红利逐渐减少，迫切需要制造业转型升级，形成增长新引擎，适应经济新常态。

　　近年来，随着劳动力成本的上升和工厂自动化程度的提高，我国工业机器人市场正步入快速发展阶段。据统计，2017年，我国工业机器人产量达到13.11万台，同比增长81.0%。2018年上半年，我国工业机器人产量达到7.38万台。我国工业机器人生产企业积极扩大产能，未来有望加速国产化进程。然而面对旺盛的需求，工业机器人技术人才依旧急缺，因此加强人才队伍建设迫在眉睫，这不仅关系到我国工业智能化进程，也关系到全球工业机器人产业的发展。

　　为适应产业发展对人才培养的新需求，越来越多的高等院校开始开设与工业机器人相关的专业课程，以培养应用型与研发型人才。在这种人才急缺的发展背景下，编写一本基于项目化教学、适用于高等院校工业机器人课程教育的新形态工业机器人应用教材，有利于培养高质量的具备工业机器人应用能力的专业人才，满足企业的技术人才需求。

　　本书是在上述背景下筹备撰写的工业机器人应用技术相关课程的配套教材。本书紧紧围绕CHL-DS-11智能制造单元系统集成应用平台，详细介绍了该应用平台视觉系统、分拣系统、数控系统和立库系统工作站的组成和工作过程，着重讲述了工业机器人与视觉系统、分拣系统、数控系统及立库系统的集成与应用，使读者学习和掌握工业机器人工作站与不同系统集成应用的方法和技巧。

　　本书以智能制造单元系统的项目工作为载体，通过任务驱动每一教学单元的开展。全书内容以若干知识块的形式分散在各个项目中，不破坏知识体系结构，任务开展时的知识以够用为准，每个任务开展时用到的知识是零散的，但是在系统性学习时能看到完整的知识体系。

　　本书既有对原理基础知识进行的通俗易懂的讲解，又有对某一具体工业机器人与相关系统工作站的集成应用进行的详细分析与介绍，如智能制造单元系统应用平台、工业机器人本体结构、I/O通信设置等，是一本典型的理实一体化教材。同时，本书是新型活页式教材，可以根据学生的需求和不足，灵活地为学生挑选内容，真正实现了"定制教材"，做到了更针对、更高效的授课。

为了便于教学的开展，本书配套了免费的电子教学课件、习题及习题参考答案，有大量的动画、视频和图片等多媒体资源。

本书由金华职业技术学院黄鹏程、王桂锋、肖建章担任主编，林雪、傅云峰、徐明辉、陈中哲任副主编。其中项目一的部分内容和项目二由黄鹏程编写；项目一的部分内容和项目四由王桂锋编写；项目三和项目五由肖建章编写；林雪、陈中哲、徐明辉和傅云峰审阅了全书，并对本书提出了宝贵的经验和建议。本书是在行业企业专家、技术带头人和一线科研人员的带领下，经过反复研讨、修订和论证完成的。在此对相关人员一并表示感谢。

因编者水平有限，书中难免存在不足之处，希望同行专家和读者予以批评指正。

编　者

目　　录

项目一　绪论

思维导图

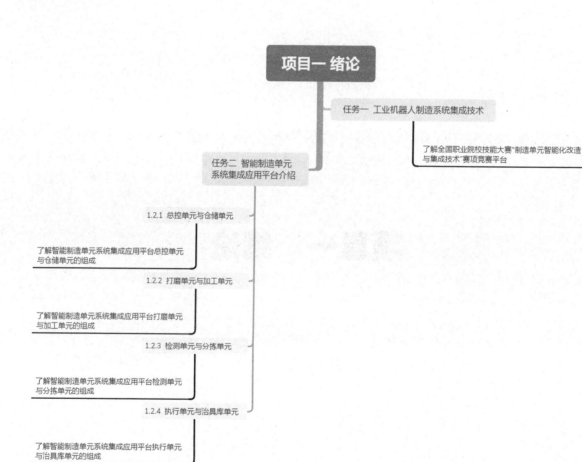

任务一　工业机器人制造系统集成技术

加快智能制造技术应用是落实工业化和信息化深度融合、打造制造强国的重要措施，是实现制造业转型升级的关键所在。全国职业院校技能大赛"制造单元智能化改造与集成技术"是为了落实《制造业人才发展规划指南》，精准对接装备制造业重点领域人才，满足复合型技术技能人才的培养需求，支撑智能制造产业发展而设置的赛项。

"制造单元智能化改造与集成技术"采用北京华航唯实工业机器人科技股份有限公司提供的 CHL-DS-11 智能制造单元系统集成应用平台作为竞赛平台，如图 1-1 所示。CHL-DS-11 智能制造单元系统集成应用平台以汽车行业的轮毂为产品对象，可实现仓库取料、制造加工、打磨抛光、检测识别、分拣入位等生产工艺环节，以未来智能制造工厂的定位需求为参考，通过工业以太网完成数据的快速交换和流程控制，采用 PLC 实现灵活的现场控制结构和总控设计逻辑，利用 MES 系统采集所有设备的运行信息和工作状态，通过融合大数据实现工艺过程的实时调配和智能控制，借助云网络实现系统运行状态的远程监。

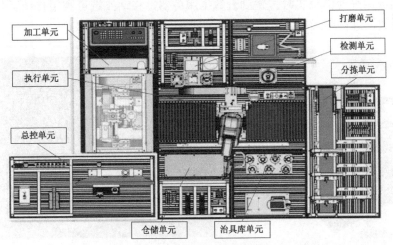

图 1-1　CHL-DS-11 智能制造单元系统集成应用平台

智能制造单元系统集成应用平台以模块化设计为原则，每个单元均安装在可自由移动的独立台架上，远程 I/O 模块可通过工业以太网实现信号监控和控制，用以满足不同的工艺和功能需求，充分体现了系统集成的功耗、效率及成本特性。每个单元的四边均可以与其他单元拼接，可根据需求自由组合布局形式，如图 1-2 所示。

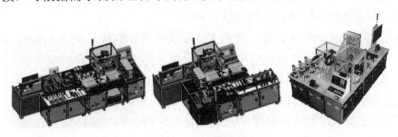

图 1-2　多样布局形式

任务二　智能制造单元系统集成应用平台介绍

1.2.1　总控单元与仓储单元

1. 总控单元

总控单元是各单元程序和动作流程执行的总控制端，是智能制造单元系统集成应用平台的核心单元，由工作台、控制模块、操作面板、电源模块、气源模块、显示终端等组件构成，如图 1-3（a）所示。其中，控制模块由两个 PLC 和工业交换机构成，PLC 通过工业以太网与各单元控制器和远程 I/O 模块实现信息交互，用户可根据需求自行编制程序；操作面板提供了电源开关、急停开关和自定义按钮；智能制造单元系统集成应用平台其他单元的电、气均由总控单元提供，并通过总控单元提供的线缆实现快速连接；显示终端用于展示 MES 系统的运行情况，可实现对智能制造单元系统集成应用平台的信息监控、流程控制、订单管理等功能。MES 系统界面如图 1-3（b）所示。MES 系统会将智能制造单元系统集成应用平台信息实时传输到云数据服务器，移动终端可利用移动互联网对云数据服务器中的数据进行图形化、表格化显示，从而实现远程监控。

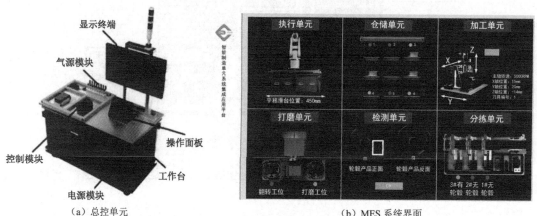

（a）总控单元　　　　　　　　　　　（b）MES 系统界面

图 1-3　总控单元及其 MES 系统

2. 仓储单元

为了实现既可自动存放多个不同的产品，又可解决传统仓库占地面积大且存放东西杂乱的缺点，人们提出了仓储单元的概念，并将其应用在单元系统平台上，成为 CHL-DS-11 智能制造单元系统集成应用平台不可或缺的单元。

仓储单元由工作台、立体仓库、远程 I/O 模块等组件构成，如图 1-4 所示。其中，立体仓库为双层六仓位结构，每个仓位可存放一个零件；每个仓位均设有传感器和信号灯，以检测当前仓位是否存有零件并将状态显示出来；每个仓位下方均与气缸连接，气缸可以弹出，以便工业机器人存取零件；远程 I/O 模块通过工业以太网将仓储单元的所有气缸动作和传感器信号传输到总控单元。

图 1-4　仓储单元

1.2.2　打磨单元与加工单元

1. 打磨单元

打磨单元用于完成对零件表面的打磨，是智能制造单元系统集成应用平台的功能单元之一，由工作台、打磨工位、旋转工位、翻转工位、防护罩、远程 I/O 模块、吹屑工位等组件构成，如图 1-5 所示。打磨工位可准确定位并稳定夹持零件，是实现打磨加工的主要工位；旋转工位可在准确固定零件的同时带动零件沿其轴进行 180° 的旋转，以切换打磨加工区域；翻转工位能在无执行单元参与的情况下，实现零件在打磨工位和旋转工位之间的转移，以及零件的翻转；远程 I/O 模块通过工业以太网将打磨单元的所有气缸动作和传感器信号传输到总控单元；吹屑工位的功能是在零件完成打磨后吹除碎屑。

2. 加工单元

加工单元可对零件表面指定位置进行雕刻加工，是智能制造单元系统集成应用平台的功能单元之一，由工作台、828D 数控机床及 828D 系统、虚拟刀库构成，如图 1-6 所示。其中，828D 数控机床为典型三轴铣床机构，采用轻量化设计，可实现小范围高精度加工，加工动作由 828D 系统控制，可实现高速度、高精度加工。

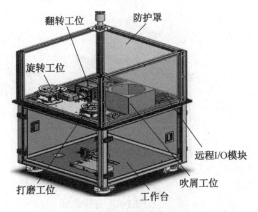

图 1-5　打磨单元

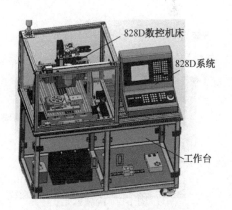

图 1-6　加工单元

828D 系统集 CNC、PLC、操作界面及轴控制功能于一体，支持车、铣两种加工方式，基于 80 位浮点数的纳米计算精度充分保证了控制的精度。828D 系统提供的图形编程既包括传统的 G 指令，也包括指导性编程。根据指导性编程，用户可以简单、快捷地自定义步骤。此外，828D 系统还支持多种编程方式（如灵活的编程向导、高效的"ShopMill/ShopTurn"工步式编程和全套的工艺循环），可以满足从大批量生产到单个工件加工的编程需要，兼顾编程时间与加工精度。

刀库采用虚拟化设计，通过屏幕显示模拟换刀动作和当前刀具信息，刀库控制信号由828D 系统提供，与真实刀库完全相同，但换刀需要手动完成。828D 系统选用了工业及市场占有率高、使用范围广的高性能产品，保证了与真实机床完全一致性的操作。远程 I/O 模块通过工业以太网将加工单元的流程控制信号传输到总控单元。

1.2.3　检测单元与分拣单元

1．检测单元

检测单元可根据需求对零件进行检测和识别，是智能制造单元系统集成应用平台的功能单元之一，由工作台、智能视觉、光源、结果显示器等组件构成，如图 1-7 所示。其中，智能视觉由欧姆龙 L440 高速处理控制器、欧姆龙 FS 系列 CCD 相机和变焦镜头等组成。可根据程序设置，实现密码识别、形状匹配、颜色检测、尺寸测量等，并在显示器中实时显示操作过程和检测结果。检测单元的程序选择、检测执行和结果输出通过工业以太网传输至执行单元的工业机器人，并将执行结果信息传输至总控单元，进而决定后续工作流程。

2．分拣单元

分拣单元可根据程序实现零件的分拣动作，是智能制造单元系统集成应用平台的功能单元之一，由工作台、传输带、分拣机构、分拣工位、远程 I/O 模块等组件构成，如图 1-8 所示。其中，传输带可将放置在起始位的零件传送到分拣机构前；分拣机构根据程序要求在传输带上的相应位置拦截待分拣的零件，并将其推入指定的分拣工位；分拣工位通过定位机构实现滑入零件的准确定位，并通过传感器检测当前工位是否存有零件（分拣单元共有三个分拣工位，每个分拣工位可存放一个零件）；远程 I/O 模块通过工业以太网将分拣单元的所有气缸动作和传感器信号传输到总控单元。

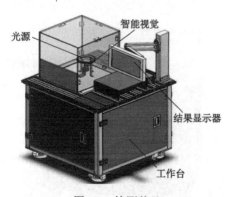

图 1-7　检测单元

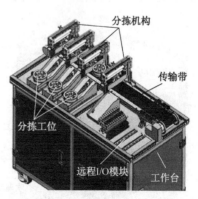

图 1-8　分拣单元

1.2.4　执行单元与治具库单元

1. 执行单元

执行单元是产品在各个单元间转换和加工的执行终端，是智能制造单元系统集成应用平台的核心单元，由工作台、平移滑台、工业机器人、快换模块法兰端、远程 I/O 模块等组件构成，如图 1-9 所示。其中，工业机器人选用的是 ABB 的桌面级小型工业机器人，具有 6 个自由度，可在工作空间内自由活动，以不同姿态完成零件的抓取或加工；平移滑台作为工业机器人扩展轴，扩大了工业机器人的最大工作空间，可以配合其他功能单元完成复杂的工艺流程；平移滑台的运动参数信息（如速度、位置等），由工业机器人控制器通过现场 I/O 信号传输给 PLC，进而控制伺服电机实现平移滑台的线性运动；快换模块法兰端安装在工业机器人的末端法兰上，可与快换模块工具端匹配，实现工业机器人工具的自动更换；远程 I/O 模块通过工业以太网实现执行单元的流程控制信号与总控单元的交互。

2. 治具库单元

治具库单元是执行单元的附属单元，用于存放不同功能的工具，由工作台、治具架、治具、示教器等组件构成，如图 1-10 所示。工业机器人通过程序控制，移动到指定位置安装或释放治具；治具库单元提供了 7 种不同类型的治具，包括真空吸盘治具、气缸夹紧治具、气缸扩充治具、打磨加工治具等，每种治具都配置了快换模块工具端，可以与快换模块法兰端匹配。

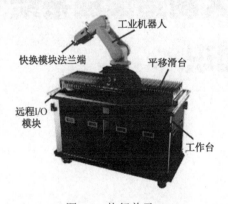

图 1-9　执行单元

图 1-10　治具库单元

项目二　工业机器人制造集成系统基础知识

思维导图

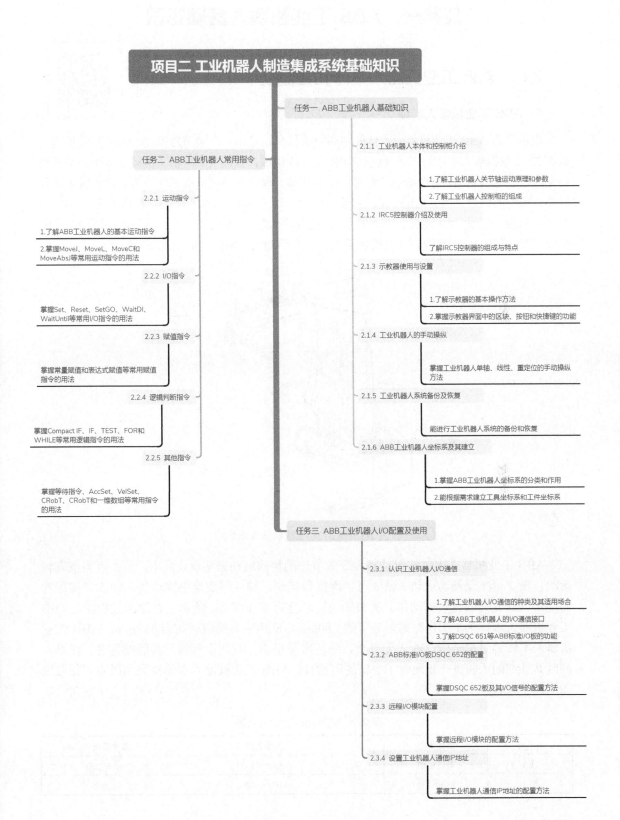

项目二 工业机器人制造集成系统基础知识

任务一 ABB工业机器人基础知识

2.1.1 工业机器人本体和控制柜介绍

1.了解工业机器人关节轴运动原理和参数

2.了解工业机器人控制柜的组成

2.1.2 IRC5控制器介绍及使用

了解IRC5控制器的组成与特点

2.1.3 示教器使用与设置

1.了解示教器的基本操作方法

2.掌握示教器界面中的区块、按钮和快捷键的功能

2.1.4 工业机器人的手动操纵

掌握工业机器人单轴、线性、重定位的手动操纵方法

2.1.5 工业机器人系统备份及恢复

能进行工业机器人系统的备份和恢复

2.1.6 ABB工业机器人坐标系及其建立

1.掌握ABB工业机器人坐标系的分类和作用

2.能根据需求建立工具坐标系和工件坐标系

任务二 ABB工业机器人常用指令

2.2.1 运动指令

1.了解ABB工业机器人的基本运动指令

2.掌握MoveJ、MoveL、MoveC和MoveAbsJ等常用运动指令的用法

2.2.2 I/O指令

掌握Set、Reset、SetGO、WaitDI、WaitUntil等常用I/O指令的用法

2.2.3 赋值指令

掌握常量赋值和表达式赋值等常用赋值指令的用法

2.2.4 逻辑判断指令

掌握Compact IF、IF、TEST、FOR和WHILE等常用逻辑指令的用法

2.2.5 其他指令

掌握等待指令、AccSet、VelSet、CRobT、CRobT和一维数组等常用指令的用法

任务三 ABB工业机器人I/O配置及使用

2.3.1 认识工业机器人I/O通信

1.了解工业机器人I/O通信的种类及其适用场合

2.了解ABB工业机器人的I/O通信接口

3.了解DSQC 651等ABB标准I/O板的功能

2.3.2 ABB标准I/O板DSQC 652的配置

掌握DSQC 652板及其I/O信号的配置方法

2.3.3 远程I/O模块配置

掌握远程I/O模块的配置方法

2.3.4 设置工业机器人通信IP地址

掌握工业机器人通信IP地址的配置方法

任务一 ABB 工业机器人基础知识

2.1.1 ABB 工业机器人本体和控制柜

1. ABB 工业机器人本体

机械手是 ABB 工业机器人本体的主要组成部分，是由六个关节轴组成的六杆开链机构。IRB120 工业机器人本体的六杆开链机构由 J1～J6 组成，如图 2-1 所示。机械手六个关节轴均由交流伺服电机驱动，每个电机均配有一个编码器，理论上通过电机可驱动关节轴机械手达到运动范围内的任何一点。机械手运动精度（综合）达±（0.05～0.2）mm。机械手采用 24V 直流电（ABB 工业机器人配置）并配有平衡气缸或弹簧，以及用于保存数据的串口测量板，测量板带有六节 1.2V 锂电池。同时机械手上有一个手动松闸按钮，可在维修时使用。

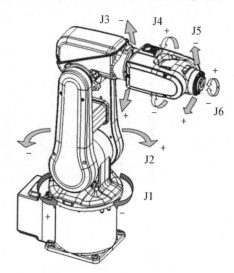

图 2-1 IRB120 工业机器人本体

ABB 工业机器人本体的运动靠六个关节轴的协同运动来实现，其中，轴 1 可实现旋转运动，轴 2 可实现摆动运动，轴 3 可实现摆臂运动，轴 4 可实现手腕动作，轴 5 可实现弯曲动作，轴 6 可实现转向动作。关节轴的运动分析表如表 2-1 所示。在运动过程中，ABB 工业机器人本体水平工作距离最远可达 580mm，底座下方拾取距离为 112mm。ABB 工业机器人本体为对称结构，轴 2 无外凸，回转半径极小，有利于其靠近其他设备进行操纵，同时其纤细的手腕进一步增强了手臂的可达性。ABB 工业机器人本体视图和极限工作范围如图 2-2 所示。

表 2-1 关节轴的运动分析表

关节轴	动作类型	工作范围	最大速度/（°/s）
轴 1	旋转运动	−165°～+165°	250
轴 2	摆动运动	−110°～+110°	250

续表

关节轴	动作类型	工作范围	最大速度/（°/s）
轴3	摆动运动	−110°～+70°	250
轴4	手腕动作	−160°～+160°	320
轴5	弯曲动作	−120°～+120°	320
轴6	转向动作	−400°～+400°（默认值）	420

注：通过在软件中更改参数值可扩展轴6工作范围的默认值。

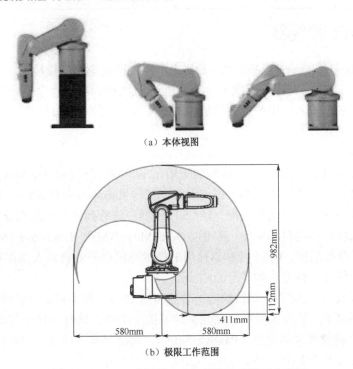

（a）本体视图

（b）极限工作范围

图 2-2　ABB 工业机器人本体视图和极限工作范围

2．控制柜

控制柜是 ABB 工业机器人控制系统的重要组成部分，它的硬件组成包括主电源、计算机供电单元、计算机控制模块（计算机主体部分）、输入/输出板（I/O 板）、用户连接端口、示教器电缆接口、各轴计算机板、各轴伺服电机的驱动单元等，如图 2-3 所示。一个 ABB 工业机器人控制系统最多包含 36 个驱动单元，一个驱动模块最多包含 9 个驱动单元。每个驱动模块可处理 6 个内部轴和 2 个普通轴或附加轴，具体情况要根据 ABB 工业机器人的型号来确定。控制柜接口及外部按钮名称如表 2-2 所示。

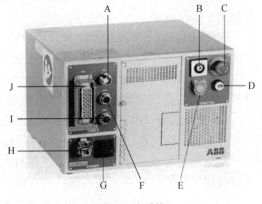

图 2-3　控制柜

表 2-2　控制柜接口及外部按钮名称

序号	接口/外部按钮名称	序号	接口/外部按钮名称
A	示教器电缆接口	F	力控制选项信号电缆接口
B	运动模式转换开关	G	主电源控制开关
C	紧急停止按钮	H	输入电源接口
D	复位与上电按钮	I	编码器电缆接口
E	刹车按钮	J	动力电缆接口

2.1.2　IRC5 控制器

　　IRC5 控制器是按照预定顺序，通过改变主电路或控制电路的接线和电路中的电阻值来控制电机的启动、调速、制动和反向的主令装置。IRC5 控制器由程序计数器、指令寄存器、指令译码器、时序产生器和操作控制器组成，是发布命令的"决策机构"，用于协调和指挥整个计算机系统的操作。

　　IRC5 控制器具有如下特点。

　　（1）安全性和灵活性高。IRC5 控制器采用了电子限位开关和 SafeMove TM 技术，不仅兼顾了安全性和灵活性，还减小了占地面积，在人机协作方面有很好的表现。

　　（2）执行效率快，执行动作精准。IRC5 控制器在进行控制时以动态建模技术为基础，可对工业机器人性能实现自动优化，其通过 QuickMove TM 和 TrueMove TM 技术缩短了节拍时间，提高了路径精度。IRC5 控制器使用的技术可以使工业机器人动作具有预见性，增强了运行性能，使控制精度达到了 ±0.01mm。

　　（3）防护等级高。IRC5 控制器的防护等级可达 IP67（能防护液体和固态微颗粒），可在比较恶劣的环境下，以及高负荷、高频率的节拍下工作。同时 IRC5 控制器的主动安全（Active Safety）功能和被动安全（Passive Safety）功能可最大化地保障操作人员、工业机器人和其他生命及财产安全。

　　（4）适用性强。IRC5 控制器能够兼容各种规格的电源电压，广泛适用于各类环境条件；可以与其他生产设备实现互联互通，支持大部分主流工业网络，具有强大的联网能力；具有远程监测技术服务，可迅速完成故障检测；具有工业机器人状态终生实时监测功能，显著提高了生产效率。

　　IRC5 控制器分为控制模块和驱动模块，如果系统中含有多台工业机器人，则需要 1 个控制模块对应多个驱动模块（现在单工业机器人系统一般使用整合型单柜控制器）。IRC5 控制器的内部结构如图 2-4 所示，其包含了控制面板、电容、主计算机、安全面板、轴计算机、驱动装置、驱动系统电源、I/O 供电装置等（见表 2-3）。

　　IRC5 控制器关键部分包括安全面板、轴计算机、I/O 供电装置、驱动装置、主计算机、电源分配板、跟踪板、Track SMB 板、接触器板、串口测量板及 D625 I/O 板。

　　（1）安全面板：在控制器正常工作时，安全面板上的所有信号灯都被点亮；TPU 上的急停按钮发出的信号和一些外部的安全信号由安全面板处理，如图 2-5（a）所示。

　　（2）轴计算机：用于计算每个工业机器人轴的转数，该计算机不保存数据，工业机器人本体的零位和工业机器人当前的数据都由轴计算机处理，处理后的数据被传送至主计算机，如图 2-5（b）所示。

图 2-4　IRC5 控制器的内部结构

表 2-3　IRC5 控制器内部接口/按钮名称

序号	接口/按钮名称	序号	接口/按钮名称
A	控制面板	E	驱动装置
B	主计算机	F	安全面板
C	I/O 供电装置	G	驱动系统电源
D	电容	H	轴计算机

（a）安全面板

（b）轴计算机

图 2-5　安全面板和轴计算机

（3）I/O 供电装置：用于给 I/O 板、用户自定义板提供电源，如图 2-6（a）所示。

（4）驱动装置：在接收到主计算机传送来的驱动信号后，驱动电机带动工业机器人本体各轴运动，如图 2-6（b）所示。

（a）I/O 供电装置

（b）驱动装置

图 2-6　I/O 供电装置和驱动装置

（5）主计算机：用于接收并处理工业机器人运动数据和外围信号，并将处理的信号发送到各个功能单元，相当于计算机的主机，可存放程序和数据，如图 2-7（a）所示。

（6）电源分配板：给各主计算机、安全面板、轴计算机、TPU、工业机器人主体各轴等提供电源（须分配 24V DC 的用电装置），如图 2-7（b）所示。供电模块负责向电源分配器提供 24V DC 电源；接触器负责接通 220V AC 和 380V AC 电源，以实现工业机器人本体的刹车和驱动功能。

（a）主计算机　　　　　　　　　（b）电源分配板

图 2-7　主计算机和电源分配板

（7）跟踪板：用于采集焊接坡口和工件的高度变化信号，从而实现对焊枪位置的跟踪检测，如图 2-8（a）所示。

（8）Track SMB 板：在控制柜断电的情况下，可以保存相关数据，具有断电保存功能，如图 2-8（b）所示。

（a）跟踪板　　　　　　　　　（b）Track SMB 板

图 2-8　跟踪板和 Track SMB 板

（9）接触器板：用于给接触器提供电源及相关逻辑信号，如图 2-9（a）所示。

（10）串口测量板与 D652 I/O 板：串口测量板用于控制单元主板与 I/O LINK 设备的连接主板和串行主轴及伺服轴，D652 I/O 板用于控制单元 I/O 板与显示单元的连接，如图 2-9（b）所示。

（a）接触器板　　　　　　　　　（b）串口测量板与 D652 I/O 板

图 2-9　接触器板及串口测量板与 D652 I/O 板

2.1.3　示教器使用与设置

1．认识示教器

示教器是对工业机器人进行手动操纵及监控，对程序进行编写，对参数进行配置的手持装置。ABB 工业机器人示教器如图 2-10 所示，图中 A 是示教器与控制柜之间的连接电缆，B 是触摸屏，C 是急停开关，D 是手动操纵杆，E 是数据备份与恢复 USB 接口（可插 U 盘、移动硬盘等存储设备），F 是使能按钮，G 是示教器复位按钮，H 是触摸屏用笔。

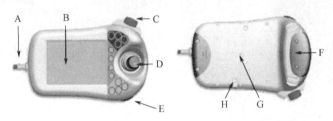

图 2-10　ABB 工业机器人示教器

2．示教器的拿法

示教器的拿法为左手握示教器，左手除拇指外的其余四指按在使能按钮上，如图 2-11 所示。右手进行屏幕和按钮的操作。

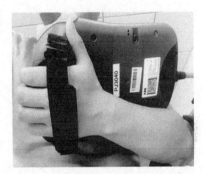

（a）正面　　　　　　　　　　　（b）反面

图 2-11　示教器的拿法

3．使能按钮

使能按钮是为保障操作人员人身安全而设计的，如图 2-12（a）所示。使能按钮分为两挡，在手动状态下按下第一挡，工业机器人将处于电机开启状态，此时信号灯亮，如图 2-12（b）所示。只有按下使能按钮并使工业机器人保持电机开启状态才可以对工业机器人进行手动操纵和程序调试。在手动状态下按下第二挡，工业机器人将处于防护装置停止状态，此时信号灯灭，如图 2-12（c）所示。当发生危险时，人会本能地松开或按紧使能按钮，工业机器人在这两种情况下都会马上停下来，从而保障人与设备的安全。

4．操作界面

ABB 工业机器人示教器的操作界面包含工业机器人参数设置、工业机器人编程及系统相关设置等选项，比较常用的选项包括输入输出、手动操纵、程序编辑器、程序数据、校准和控制面板。ABB 工业机器人示教器操作界面如图 2-13 所示。其中，手动摇杆的操纵幅度与工业机器人的运动速度相关，操纵幅度小，则工业机器人运动速度慢；操纵幅度大，则工业机器人运动速度快。所以在通过手动摇杆操纵工业机器人时，尽量保持小的操纵幅度，以使工业机器人慢慢运动。部分常用操作界面按钮说明如表 2-4 所示。

（a）使能按钮　　　　　　　　　　　　　　（b）第一挡

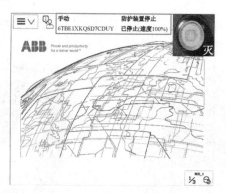

（c）第二挡

图 2-12　使能按钮用法

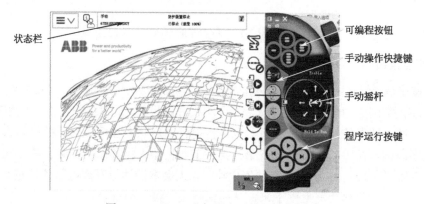

图 2-13　ABB 工业机器人示教器操作界面

表 2-4　部分常用操作界面按钮说明

序号	图例	说明
1	≡∨	"主菜单"图标：显示工业机器人各功能主菜单界面
2		操作员窗口：显示工业机器人与操作员交互界面
3	ROS_1 1/3	快捷操作菜单：快速设置工业机器人功能，如速度、运行模式、增量等
4	手动 System19 (WLB-PC) 防护装置停止 已停止 (速度 100%)	状态栏：显示工业机器人当前状态，如工作模式、电机状态、报警信息等
5	ABB	主画面：ABB 工业机器人示教器人机交互的主要窗口，根据不同的状态显示不同的信息
6		任务栏：当前打开界面的任务列表，最多支持打开 6 个界面

1）主菜单界面

ABB 工业机器人示教器的主菜单界面用于显示工业机器人的功能，如图 2-14 所示。主菜单界面各选项功能说明如表 2-5 所示。

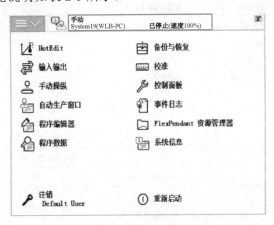

图 2-14　主菜单界面

表 2-5　主菜单界面各选项功能说明

序号	选项名称	功能说明
1	HotEdit	用于设置程序模块下轨迹点位置的补偿
2	输入输出	用于设置及查看 I/O 视图
3	手动操纵	用于更改动作模式设置、坐标系选择、操纵杆锁定及载荷属性，以及显示实际位置
4	自动生产窗口	用于在自动模式下，直接调试程序并运行
5	程序编辑器	用于建立程序模块及编程调试
6	程序数据	用于选择编程时所需程序数据的窗口，以及查看、配置变量数据
7	备份与恢复	用于备份和恢复系统
8	校准	用于校准转数计数器和电机，以及校准机械零点

续表

序号	选项名称	功能说明
9	控制面板	用于对 ABB 工业机器人示教器进行相关设定，并对系统参数进行配置
10	事件日志	用于查看系统出现的各种提示信息
11	FlexPendant 资源管理器	用于管理系统资源、备份文件等
12	系统信息	用于查看控制器属性及硬件和软件相关信息
13	注销	用于退出当前用户权限
14	重新启动	用于重新启动系统

2）控制面板

ABB 工业机器人示教器的控制面板主要用于设置工业机器人和示教器的相关属性，其界面如图 2-15 所示。控制面板各选项功能说明如表 2-6 所示。

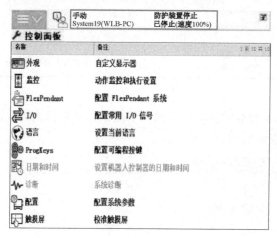

图 2-15　控制面板界面

表 2-6　控制面板各选项功能说明

序号	选项名称	功能说明
1	外观	用于自定义显示器的亮度及操作习惯
2	监控	用于设置动作监控和执行设置
3	FlexPendant	用于设置示教器操作特性
4	I/O	用于配置常用 I/O 信号（在输入输出选项中显示）
5	语言	用于设置当前语言
6	ProgKeys	用于配置可编程按键
7	日期和时间	用于设置控制器的日期和时间
8	诊断	用于进行系统诊断
9	配置	用于配置系统参数
10	触摸屏	用于校准触摸屏

5．快捷键

ABB 工业机器人示教器还提供了快捷键功能，通过快捷键能快速地对操作过程和操作模式进行定义，其界面如图 2-16 所示。各快捷键说明如表 2-7 所示。

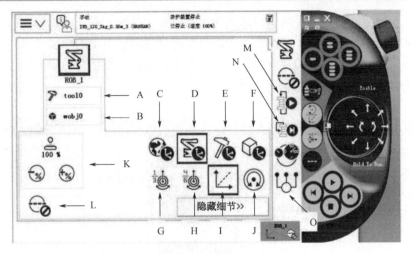

图 2-16　快捷键界面

表 2-7　各快捷键说明

序号	快捷键内容	序号	快捷键内容
A	工业机器人运行时的工具坐标	I	使工业机器人进行线性运动
B	工业机器人运行时的工件坐标	J	使工业机器人进行重定位运动
C	工业机器人大地坐标	K	设置工业机器人移动速度（增大/减小）
D	工业机器人基坐标	L	选择是否开启增量（小幅移动）
E	工业机器工具坐标选择	M	选择工业机器人运行模式（单周/连续）
F	工业机器人工件坐标选择	N	选择工业机器人步进模式（步进入/步进出/跳过/下一步行动）
G	选择手动控制轴1、轴2、轴3	O	配置工业机器人多任务（在多任务时需要选择）
H	选择手动控制轴4、轴5、轴6	—	—

2.1.4　工业机器人的手动操纵

对于工业机器人而言，其手动操纵模式一共有 3 种：单轴运动、线性运动和重定位运动，如图 2-17 所示。其中，"轴 1-3"为工业机器人轴 1、轴 2、轴 3 单独运动，"轴 4-6"为工业机器人轴 4、轴 5、轴 6 单独运动。需要注意的是，工业机器人的外轴运动必须为单轴运动。

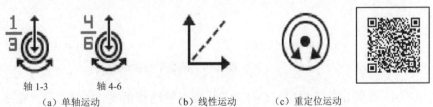

图 2-17　工业机器人的运动模式

1．单轴运动

在一般情况下，工业机器人通过 6 个伺服电机来分别驱动其 6 个关节轴。如果每次手动操纵一个关节轴的运动，那么该运动模式就称为单轴运动。在单轴运动模式下，每个轴都可以单独运动，所以在一些特殊场合使用单轴运动来操纵工业机器人很方便。例如，在进行转数计数器更新时可以采用单轴运动的手动操纵。又如，在工业机器人出现机械限位和软件限位，也就是超出工作范围而停止时，可以利用单轴运动的手动操纵将工业机器人移动到合适位置。与其他手动操纵模式相比，单轴运动在进行粗略的定位和较大幅度的移动时更方便快捷。

单轴运动的操纵步骤如下。

（1）将工业机器人控制柜上的工业机器人状态钥匙切换到右边的手动状态，如图 2-18 所示。

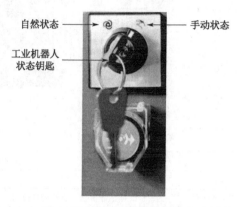

图 2-18　切换工业机器人状态

（2）确认状态栏中显示的工业机器人的状态已经切换为"手动"，如图 2-19（a）所示。

（3）单击"主菜单"图标，选择"手动操纵"选项，如图 2-19（b）所示。

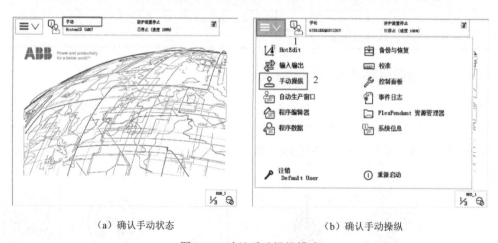

（a）确认手动状态　　　　　　　　　　　　（b）确认手动操纵

图 2-19　确认手动操纵模式

（4）在弹出的界面中，选择工业机器人的动作模式。如果选择"轴 1-3"选项，然后单击"确定"按钮，那么就可以对轴 1、轴 2、轴 3 进行操纵；如果选择"轴 4-6"选项，然后单击"确定"按钮，那么就可以对轴 4、轴 5、轴 6 进行操纵，如图 2-20 所示。

（5）按下示教器背部的使能按钮，并确认状态栏中显示的工业机器人的状态已切换为"电机开启"，如图 2-21 所示。操纵手动操纵杆，完成单轴运动。图 2-21 中"操纵杆方向"选项卡中的箭头方向代表正方向。

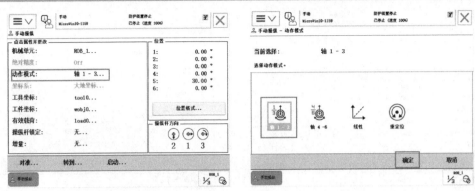

<table>
<tr><td>（a）单击"动作模式"选项</td><td>（b）单击"轴1-3"选项</td></tr>
</table>

图 2-20 动作模式的选择与确认

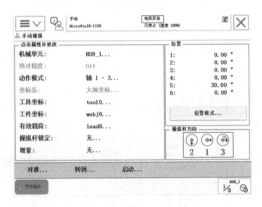

图 2-21 单轴运动的确认

2．线性运动

工业机器人的线性运动是指安装在工业机器人轴 6 法兰盘上的 TCP（工具中心点）在空间中做线性运动。

线性运动的操纵步骤如下。

（1）单击"主菜单"图标，选择"手动操纵"选项，如图 2-22 所示。

图 2-22 手动操纵模式

（2）在弹出的界面中，将"动作模式"设置为"线性"，然后单击"确定"按钮，如图 2-23 所示。

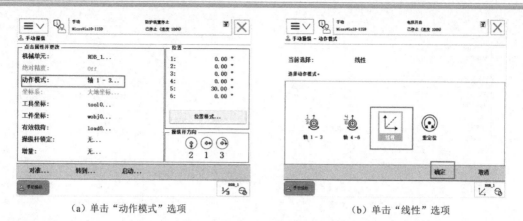

（a）单击"动作模式"选项　　　　　　　　　（b）单击"线性"选项

图 2-23　动作模式的选择与确认

（3）单击"工具坐标"选项（工业机器人的线性运动需要在"工具坐标"中指定对应工具）；在弹出的界面中选中"tool 1"选项，然后单击"确定"按钮，如图 2-24 所示。

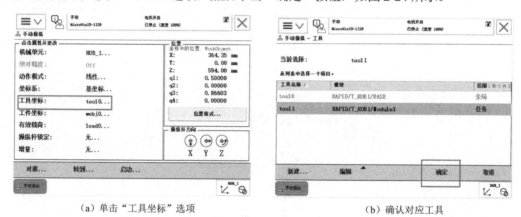

（a）单击"工具坐标"选项　　　　　　　　（b）确认对应工具

图 2-24　指定对应工具

（4）按下示教器背部的使能按钮，并确认状态栏中显示的工业机器人的状态已切换为"电机开启"，如图 2-25 所示。手动操纵工业机器人控制手柄，完成 TCP 在 X 轴、Y 轴、Z 轴方向的线性运动，如图 2-26 所示。

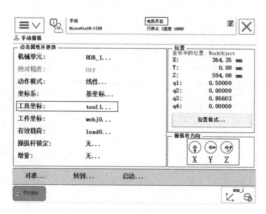

图 2-25　线性运动的确认

图 2-26 TCP 做线性运动

3．重定位运动

工业机器人的重定位运动是指工业机器人轴 6 法兰盘上的 TCP 在空间中绕坐标轴做旋转运动，可以理解为工业机器人绕着 TCP 做姿态调整运动。

重定位运动的操纵步骤如下。

（1）单击"主菜单"图标，选择"手动操纵"选项，如图 2-27 所示。

图 2-27 手动操纵模式

（2）在弹出的界面中将"动作模式"设置为"重定位"，然后单击"确定"按钮，如图 2-28 所示。

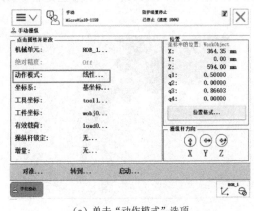

（a）单击"动作模式"选项　　　　　　　　　　（b）单击"重定位"选项

图 2-28 动作模式的选择与确认

（3）单击"坐标系"选项（工业机器人的重定位运动需要在"坐标系"中选择对应的工具），在弹出的界面内选中"工具"选项，然后单击"确定"按钮，如图 2-29 所示。

（a）单击"坐标系"选项　　　　　　　（b）单击"工具"选项

图 2-29　选择坐标系与确认工具

（4）单击"工具坐标"选项，在弹出的界面中选中相应的工具"tool 1"，然后单击"确定"按钮，如图 2-30 所示。

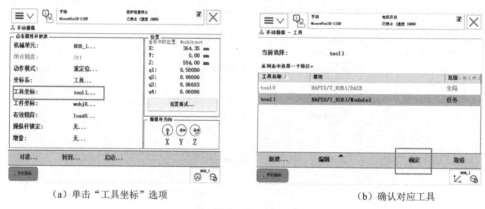

（a）单击"工具坐标"选项　　　　　　　（b）确认对应工具

图 2-30　指定对应工具

（5）按下示教器背部的使能按钮，确认状态栏中显示的工业机器人的状态已切换为"电机开启"，如图 2-31（a）所示。操纵手动操纵杆使工业机器人绕 TCP 做重定位运动，如图 2-31（b）所示。

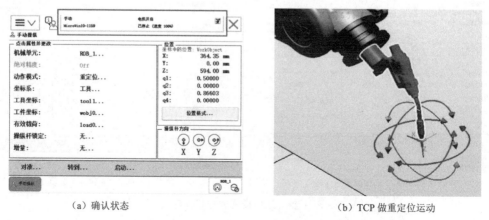

（a）确认状态　　　　　　　（b）TCP 做重定位运动

图 2-31　确认状态与 TCP 做重定位运动

4．手动操纵的快捷菜单

单击屏幕右下角的快捷菜单按钮，将弹出包含"手动操纵"按钮、"增量模式"按钮、"运动模式"按钮、"步进模式"按钮、"速度"按钮、"停止和启动的任务"按钮的菜单栏，如图 2-32 所示。

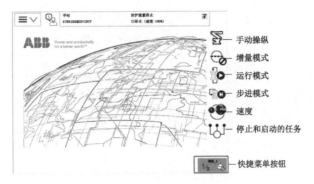

图 2-32　快捷菜单模式

单击"手动操纵"按钮后再单击"显示详情"按钮，即可展开菜单。在此菜单中可以对当前的工具数据、工件坐标、操纵杆速率、增量开/关、坐标系选择、动作模式选择进行设置，如图 2-33 所示。

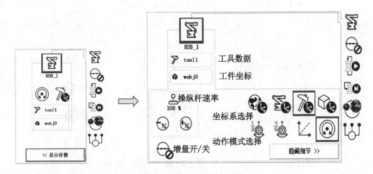

图 2-33　定义手动操纵模式

单击"增量模式"按钮，选择需要的增量。如果需要自定义增量值，那么可以依次单击"用户模块"→"显示值"按钮，在打开的界面中对增量值进行自定义，如图 2-34 所示。

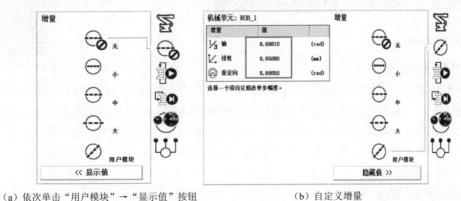

（a）依次单击"用户模块"→"显示值"按钮　　　　　（b）自定义增量

图 2-34　自定义增量值

单击"运行模式"按钮，将出现"单周"运行和"连续"运行两种模式，如图 2-35 所示。

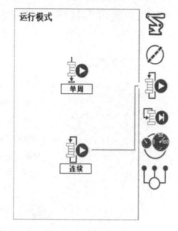

图 2-35   定义运行模式

单击"速度"按钮，将弹出速度的调整界面，如图 2-36 所示。

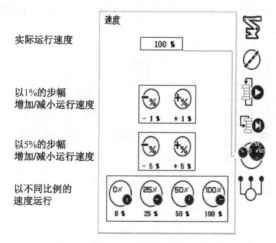

图 2-36   定义速度模式

2.1.5   工业机器人系统备份及恢复

1．系统备份

1）系统备份的目的

为防止操作人员误删工业机器人系统文件，通常在工业机器人进行操作前先对工业机器人系统进行备份。备份对象是所有正在系统内运行的 RAPID 程序和系统参数。当工业机器人系统无法启动或安装新系统时，可以通过已备份的系统文件进行恢复，备份系统文件具有唯一性，即只能将备份系统文件恢复到原来的工业机器人中，以防系统冲突等故障。

2）系统备份的内容

系统备份包含如下内容。

（1）系统中所有存储在 Home 文件夹下的文件。

（2）系统参数（如 I/O 信号的命名）。

（3）一些系统信息，以便系统回到备份的状态。

备份的文件夹所包含的内容如表 2-8 所示。

表 2-8 备份的文件夹所包含的内容

文件夹	内容描述
Backinfo	包含从媒体库中重新创建系统软件和选项所需的信息
Home	包含系统所有主目录中的内容和副本
RAPID	系统程序存储器中的每个任务创建的一个子文件夹，任务文件夹包含单独的程序模块文件夹和系统模块文件夹
Syspar	包含系统配置文件

3）系统备份的步骤

系统备份的具体步骤如下。

（1）进入主菜单界面，选择"备份与恢复"选项。在打开的界面中，单击"备份当前系统"选项，如图 2-37 所示。

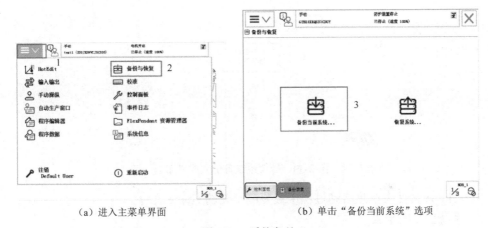

（a）进入主菜单界面　　　　　　　（b）单击"备份当前系统"选项

图 2-37 系统备份

（2）在弹出的界面中，单击"ABC"按钮，设置系统备份文件的名称；单击"…"按钮，选择备份文件的存放位置（工业机器人硬盘或者 USB 存储设备）；单击"备份"按钮进行备份操作，如图 2-38 所示。值得注意的是，在备份过程中，应该为备份文件起一个具有描述性的名字，保留创建备份文件时的日期，并将备份文件存放在一个安全位置（如果采用 ABB 及其配套示教器，建议将备份文件保存在 hd0a:/BACKUP/路径下）。

（3）等待系统备份完成。图 2-39 所示的界面消失后即完成系统备份。

2. 系统恢复

1）系统恢复的作用

系统恢复的作用如下。

（1）系统恢复可以恢复疑似损坏的程序文件。

（2）如果对指令/参数进行了不成功的修改，那么可以通过系统恢复恢复之前的设置。

（3）在系统恢复过程中，所有系统参数都将被替换，并且所有备份目录下的模块都将被重新装载。

图 2-38　系统备份界面

图 2-39　等待系统备份完成界面

（4）Home 文件夹在热启动过程中被复制至新的 Home 文件夹。

2）系统恢复的步骤

具体的系统恢复步骤如下。

（1）进入主菜单界面，选择"备份与恢复"选项；单击"恢复系统"选项，如图 2-40 所示。

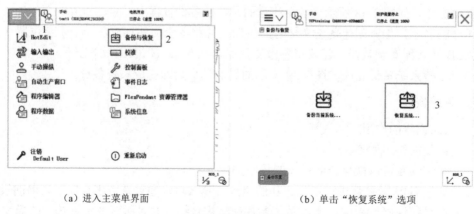

（a）进入主菜单界面　　　　　　　　　　　（b）单击"恢复系统"选项

图 2-40　系统恢复

（2）在弹出的"恢复系统"界面中，单击"…"按钮，选择备份内容存放的目录，然后单击"恢复"按钮，如图 2-41 所示。

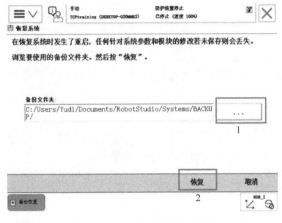

图 2-41　"恢复系统"界面

（3）等待系统恢复完成，如图 2-42 所示的界面消失后工业机器人控制器将重新启动。值得注意的是，在 S4 工业机器人系统上进行的备份不能在 IRC 控制器上恢复。由于 IRC 控制器可以安装多个控制系统，所以在进行系统恢复前务必检查需要恢复的系统的正确性。

图 2-42　等待系统恢复完成界面

3. 单独导入程序

在进行数据恢复时需要注意的是备份数据具有唯一性，即无法将一台工业机器人的备份数据恢复到另一台工业机器人中，否则将造成系统故障。但是，在批量生产时，常会将工业机器人的程序和 I/O 的定义设置成通用的。在这种情况下，可以通过单独导入程序和单独导入 EIO 文件的方式来实现批量生产的实际需要。

单独导入程序的具体步骤如下。

（1）在主菜单界面中，选择"程序编辑器"选项；在弹出的界面中单击"MainMoudle"选项，如图 2-43 所示。

（2）在下拉列表中选择"模块文件（*.mod）"选项，从备份目录/RAPID 中加载所需程序模块，然后单击"确定"按钮，即可完成该程序的单独导入，如图2-44所示。

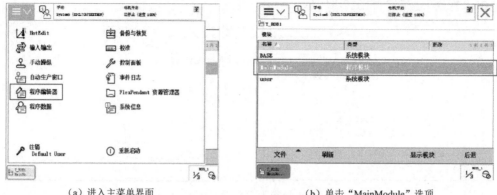

（a）进入主菜单界面　　　　　　　　（b）单击"MainModule"选项

图2-43　单独导入程序定义

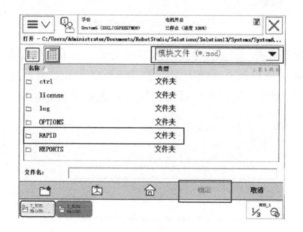

图2-44　单独导入程序

单独导入 EIO 文件的具体步骤如下。

（1）在主菜单界面中，单击"控制面板"选项，选择"配置"选项；在弹出的界面中单击"文件"选项卡，如图2-45所示。

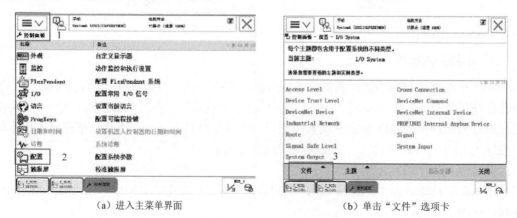

（a）进入主菜单界面　　　　　　　　（b）单击"文件"选项卡

图2-45　单独导入 EIO 文件定义

（2）单击"加载参数"选项，进入"选择模式"界面，选择"删除现有参数后加载"单选按钮，如图 2-46 所示。

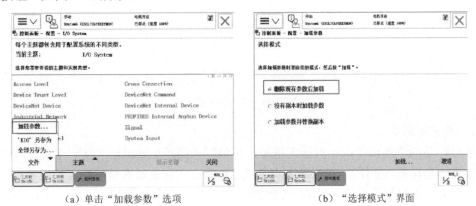

（a）单击"加载参数"选项　　　　　　　（b）"选择模式"界面

图 2-46　单独导入 EIO 文件

（3）打开备份目录/SYSPAR，单击"配置文件"下拉列表，选中"EIO.cfg"，单击"确定"按钮；在弹出的"重新启动"提示框中单击"是"按钮，如图 2-47 所示。重启后即可完成 EIO 文件的单独导入。

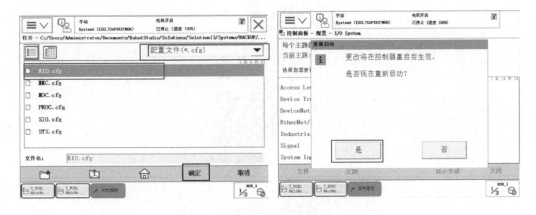

图 2-47　完成 EIO 文件的单独导入

2.1.6　ABB 工业机器人坐标系及其建立

1. 坐标系

对于工业机器人而言，为确定工业机器人的位置和姿态而在工业机器人或空间上建立的位置指示系统称为坐标系。坐标系通过一个固定点（原点 O）和轴来定义平面或空间，如图 2-48 所示，其中 X 轴、Y 轴和 Z 轴为该坐标系的三个坐标轴。工业机器人的姿态和位置通过沿坐标系轴的距离来定位。工业机器人具有若干个常用坐标系，每一个坐标系都适用于特定类型的微动控制或编程。

工业机器人常用的坐标系包括基坐标系（Base Coordinate System）、大地坐标系（World Coordinate System）、工件坐标系（Work Object Coordinate System）、工具坐标系（Tool Coordinate System）、用户坐标系，具体介绍如下。

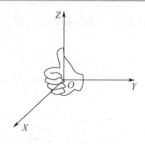

图 2-48　坐标系

1）基坐标系

基坐标系的原点位于工业机器人基座，是最便于描述工业机器人从一个位置移动到另一个位置的坐标系，如图 2-49 所示。由于基坐标系在工业机器人基座中有相应零点，所以固定安装的工业机器人的移动具有可预测性。在正常配置的工业机器人系统中，当操作者面对工业机器人的正前方并在基坐标系中控制工业机器人移动时，如果将控制杆拉向操作者一方，那么工业机器人将沿 X 轴移动；如果将控制杆向两侧拉动，那么工业机器人将沿 Y 轴移动；如果扭动控制杆，那么工业机器人将沿 Z 轴移动。

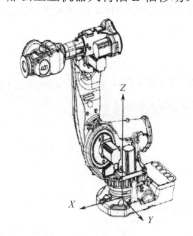

图 2-49　基坐标系

2）大地坐标系

大地坐标系可定义工业机器人单元，其他坐标系均与大地坐标系直接或间接相关，适用于单台工业机器人的微动控制、一般移动，如图 2-50 所示。大地坐标系在具有若干工业机器人或外轴移动工业机器人的工作站和工作单元中的固定位置有相应的零点。在默认情况下，大地坐标系与基坐标系是重合的。

3）工件坐标系

工件坐标系与工件相关，是最适于对工业机器人进行编程的坐标系，由工件原点与坐标轴方位构成，如图 2-51 所示。如果在指令中调用了工件坐标系，那么工业机器人的坐标数据就是相对工件坐标系而言的。一旦工件坐标系发生变化，工业机器人的轨迹点将相对地面同步移动。在工业机器人系统中，默认的工件坐标系 wobj0 与工业机器人基坐标系重合。值得说明的是，当工业机器人面向多个工件且程序支持多个工件时，可根据当前工作状态进行工件坐标系的变换。通过重新定义工件坐标系，可使一个程序适合不同的工业机器人。如果系统含有外部轴或涉及多台工业机器人，则必须定义工件坐标系。如果工作点的位置数据是手动输入的，那么使用工件坐标系可以利用图纸中的工作参数确定位置数据。

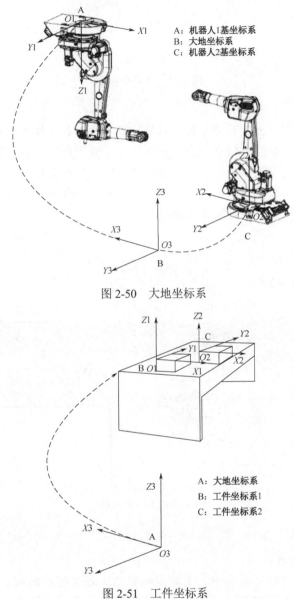

图 2-50 大地坐标系

图 2-51 工件坐标系

4）工具坐标系

工具坐标系用来定义工业机器人在到达预设目的地时所使用的工具的位置，一般由 TCP 与坐标轴方位构成。运动时，TCP 会严格按程序指定路径和速度运动。所有工业机器人在手腕处都有一个预定义的工具坐标系，默认工具坐标系 tool 0 的 TCP 位于轴 6 中心，如图 2-52 所示，这样就能将一个或多个新工具坐标系定义为 tool 0 的偏移值。值得注意的是，工业机器人联动运行时，TCP 是必需的。当工业机器人程序支持多个工具时，可根据当前工作状态变换工具，如焊接工业机器人的程序中可以定义多个工具，分别对应不同的杆身长度；当工具被更换后，重新定义工具即可直接运行程序。

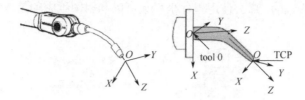

图 2-52　工具坐标系

5）用户坐标系

用户坐标系（见图 2-53）在表示持有其他坐标系的设备（如工件）时非常有用，其在相关坐标系中提供了一个额外级别。为了更深一步了解用户坐标系，可针对工作台定义用户坐标系，针对工件定义工件坐标系，这样做可使每个工作点都相对工件定义。如果工件固定位置发生改变，那么就重新定义工件数据；如果工作台固定位置发生改变，那么就重新定义用户数据，确保原程序可以继续使用。

A：用户坐标系
B：大地坐标系
C：基坐标系
D：移动用户坐标系
E：工件坐标系，与用户坐标系一同移动

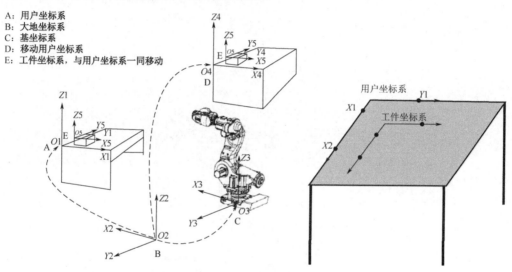

图 2-53　用户坐标系

2．坐标系的建立

1）工具坐标系的建立

在工业机器人的坐标系系统中，工具坐标系是比较重要的内容。建立工具坐标系，一方面工业机器人在重定位旋转过程中，可以较方便地让工业机器人绕着定义的点做空间旋转运动，实现工业机器人姿态的调整；另一方面在更换工具时，只要按照定义第一个 TCP 的方法重新定义 TCP 即可，从而在不需要重新示教工业机器人轨迹的前提下，实现轨迹纠正。

工具坐标系的具体建立过程如下。

（1）将示教器调整为手动模式。单击"主菜单"图标，选择"手动操纵"选项，如图 2-54 所示。

图2-54 将示教器调整为手动模式

（2）在弹出的界面中，选择"工具坐标"选项，进入"手动操纵-工具"界面，单击"新建"按钮，如图2-55所示。

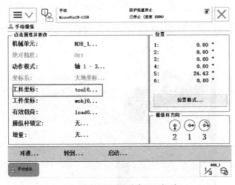

（a）选择"工具坐标"选项

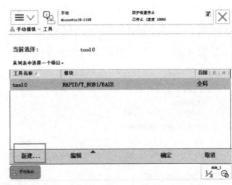

（b）单击"新建"按钮

图2-55 新建工具坐标

（3）在弹出的界面中的"名称"文本框内输入工具名称"tool1"，单击"确定"按钮，完成工具坐标的建立。在"手动操纵-工具"界面中选中"tool1"选项，然后单击"编辑"下拉列表中的"定义"选项，如图2-56所示。

（a）为工具命名

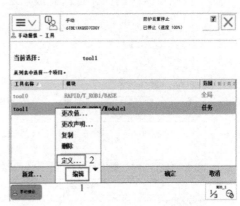

（b）单击"定义"选项

图2-56 编辑定义工具坐标

（4）在弹出的界面中选择"TCP 和 Z,X"选项，使用四点法（点数可选范围为 3～9，一般选择 4 即可）设定 TCP。然后选择合适的手动操纵模式，如图 2-57 所示。

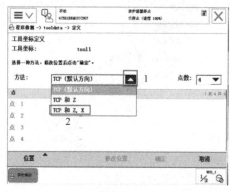

（a）设定 TCP　　　　　　　　　　　　　　（b）选择手动操纵模式

图 2-57　设定 TCP 并选择手动操纵模式

（5）按下示教器背部的使能按钮，操纵手柄将工业机器人以如图 2-58 所示姿态移动至工具参考点与参照物尖端点相接触的位置，并将该点作为点 1，单击"修改位置"按钮完成点 1 姿态的修改，如图 2-58 所示。

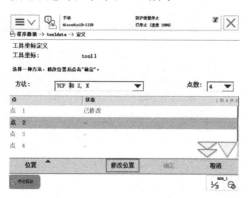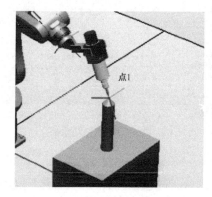

图 2-58　修改点 1 的姿态

（6）按照步骤 5 的操作依次完成点 2、点 3、点 4 姿态的修改，如图 2-59 所示。

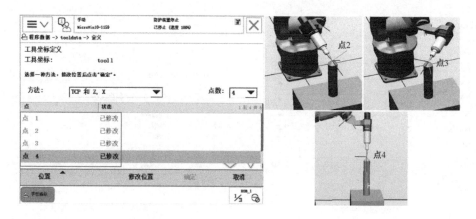

图 2-59　修改点 2、点 3 和点 4 的姿态

（7）操纵手柄将工业机器人的工具参考点以点 4 的姿态从参照物尖端点移动到 TCP 的正 X 轴方向，然后单击"修改位置"按钮，完成延伸器在正 X 轴方向的定义，如图 2-60 所示。

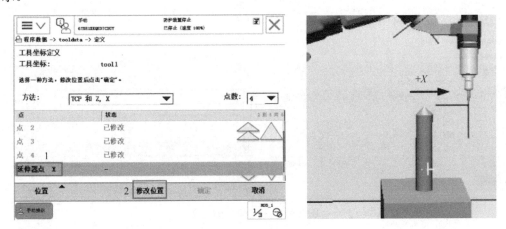

图 2-60　定义延伸器点 X

（8）操纵手柄将工业机器人的工具参考点以点 4 的姿态从参照物尖端点移动到 TCP 的正 Z 轴方向，然后单击"修改位置"按钮，完成延伸器在正 Z 轴方向的定义。单击"确定"按钮，查看误差（虽然误差越小越好，但要以实际验证效果为准），然后单击"确定"按钮，如图 2-61 所示。

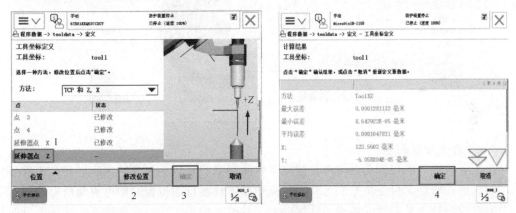

图 2-61　定义延伸器点 Z

（9）在"手动操纵-工具"界面中选中"tool1"选项，然后依次单击"编辑"下拉列表→"更改值"选项，打开"更改值"界面，单击向下箭头向下翻页，将"mass"值改为工具的实际重量（单位为 kg）；并根据实际情况编辑 TCP 坐标"x""y""z"的值。设置完成后单击"确定"按钮，完成工具坐标的定义，如图 2-62 所示。

（10）按照工具重定位运动模式，将坐标系设置为"工具"，将工具坐标设置为"tool1"；可看见 TCP 始终与工具参考点保持接触。按下示教器的上电按钮，并通过操纵杆改变工业机器人的姿态，可以看到工业机器人绕着 X 轴、Y 轴、Z 轴旋转，如图 2-63 所示。在重新安装工具、更换工具及使用工具后出现运动误差的情况下，工业机器人都需要重新定义工具坐标系。值得注意的是，工业机器人的工具坐标系的定义一般在 USER 模块中，采用六点法定义，若工业机器人是焊接工业机器人则必须用四点法定义；为操作方便，点4最好采用垂直定义的方式。

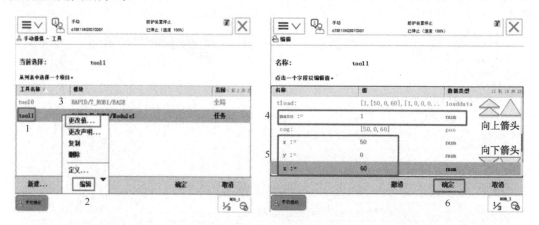

图 2-62　工具坐标的定义

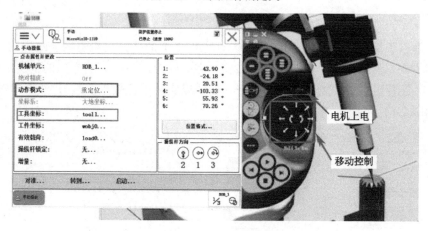

图 2-63　重定位操作

2）工件坐标系的建立

在工业机器人的坐标系系统中，建立工件坐标系也是较为重要的内容。建立工件坐标系，一方面在重新定位工作站的工件时，只更新工件坐标的位置，即可更新所有路径；另一方面在控制凭借外部轴或传送导轨移动的工件时，由于工件与外部轴或传送导轨同时移动，所以可间接实现外部轴或传送导轨的移动控制。同时，工件坐标系通过协同使用工业机器人寻找指令（search）与 wobj，可以使工业机器人工作姿态更灵活，不拘泥于系统提供的基坐标系和大地坐标系等固定坐标系。

工件坐标系的具体建立过程如下。

（1）在示教器的主菜单界面中单击"手动操纵"选项，在"手动操纵"界面中将"工件坐标"设置为"wobj0"（"工件坐标"的默认名称为"wobj0"，它是根据工业机器人本体的基坐标建立而成的）。若需要新建一个工件坐标则在"手动操纵-工件"界面中单击"新建"按钮，如图 2-64 所示。

（2）在"新数据声明"界面中设置工件坐标系声明属性，使用声明来改变工件变量在程序模块中的使用方法，设置好相关内容后，单击"确定"按钮。在"手动操纵-工件"界面中单击"编辑"下拉列表中的"定义"选项,如图 2-65 所示。

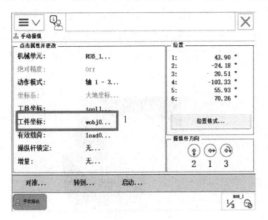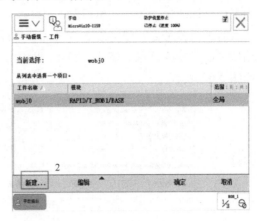

图 2-64 设置工件坐标

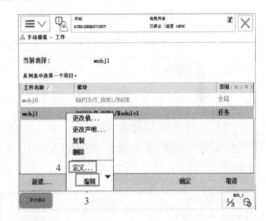

图 2-65 定义属性

(3)在"工件坐标定义"界面中,选择合适的用户(校正)方法,此处展示三点法,即 $X1$、$X2$、$Y1$ 三点。选定三点后,手动操纵工业机器人的工具参考点,使其靠近定义工件坐标的 $X1$ 原点,并将该点作为工件坐标的起点。然后单击"修改位置"按钮,将 $X1$ 点记录下来,如图 2-66 所示。

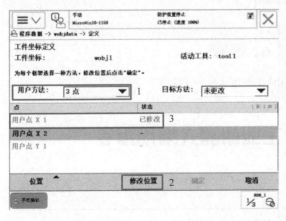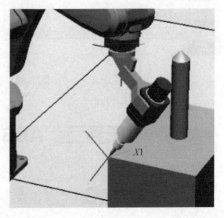

图 2-66 用户校正的设置

（4）手动操纵工业机器人的工具参考点，使其靠近定义工件坐标系的 X2 点，并将其作为工件坐标的第二个点。然后单击"修改位置"按钮，将 X2 点记录下来。手动操纵工业机器人的工具参考点，使其靠近定义工件坐标系的 Y1 点，并将其作为工件坐标的第三个点。然后单击"修改位置"按钮，将 Y1 点记录下来。单击"确定"按钮，完成三点位置设定，如图 2-67 所示。

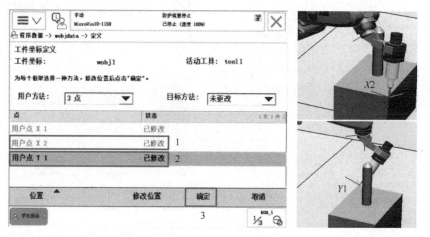

图 2-67　三点位置的设置

（5）在弹出的提示框中单击"是"按钮，确定更改；在"计算结果"界面中单击"确定"按钮即可将校准点保存在新的 RAPID 模块中，如图 2-68 所示。值得说明的是，X1 与 X2 之间及 X1 与 Y1 之间的距离越大，定义越精确。

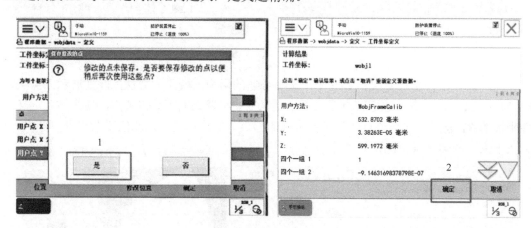

图 2-68　完成工件坐标系的设置

任务二　ABB 工业机器人常用指令

2.2.1　运动指令

ABB 工业机器人的基本运动指令如表 2-9 所示。

表 2-9　ABB 工业机器人的基本运动指令

指令	说明
MoveJ	通过关节运动移动工业机器人
MoveL	工业机器人做线性运动
MoveC	工业机器人做圆弧运动
MoveAbsJ	把工业机器人移动到绝对轴位置
MoveExtJ	移动一个或多个没有 TCP 的机械单元
MoveCDO	通过圆周运动移动工业机器人并在转角处设置数字输出
MoveJDO	通过关节运动移动工业机器人并在转角处设置数字输出
MoveLDO	通过直线运动移动工业机器人并在转角处设置数字输出
MoveCsync	通过圆周运动移动工业机器人并执行一个 RAPID 程序
MoveJsync	通过关节运动移动工业机器人并执行一个 RAPID 程序
MoveLsync	通过直线运动移动工业机器人并执行一个 RAPID 程序

表 2-9 中，在空间中的运动方式主要有关节运动（MoveJ）、线性运动（MoveL）、圆弧运动（MoveC）和绝对位置运动（MoveAbsJ）4 种。

1. 关节运动指令（MoveJ）

当工业机器人无须保持直线运动时，关节运动指令用于将工业机器人迅速地从一点移动至另一点。工业机器人和外轴沿非线性路径移动至目的地。关节运动指令各参数含义如表 2-10 所示。

表 2-10　关节运动指令各参数含义

参数	含义	参数	含义
p10、p20	目标点位置数据	Z50	转弯区数据，其单位为 mm
V1000	运动速度，表示 1000mm/s	Tool0	工具坐标数据

实例：MoveJ p10,V1000,Z50,Tool0;

　　　　MoveJ p20,V1000,Z50,Tool0;

解析：将 TCP Tool0 沿非线性路径移动至 p10/p20，运动速度为 1000mm/s，转弯区数据为 Z50（见图 2-69）。

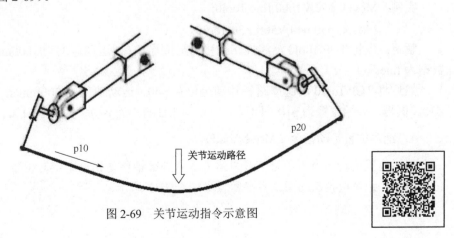

图 2-69　关节运动指令示意图

2. 线性运动指令（MoveL）

线性运动指令用于将 TCP 沿直线移动至目的地。当 TCP 固定时，该指令亦可用于调整工具方位。线性运动指令各参数含义如表 2-11 所示。

表 2-11　关节运动指令各参数含义

参数	含义	参数	含义
p10、p20	目标点位置数据	Z50	转弯区数据，其单位为 mm
V1000	运动速度，表示 1000mm/s	Tool0	工具坐标数据

实例：MoveL p10,V1000,Z50,Tool0;

　　　　MoveL p20,V1000,Z50,Tool0;

解析：将 TCP Tool0 沿线性路径移动至 p10/p20，运动速度为 1000mm/s，转弯区数据为 Z50（见图 2-70）。

图 2-70　线性运动指令示意图

3. 圆弧运动指令（MoveC）

圆弧运动指令用于将 TCP 沿圆周移动至目的地。移动期间，圆周运动的方向通常保持相对不变。圆弧运动指令各参数含义如表 2-12 所示。

表 2-12　圆弧运动指令各参数含义

参数	含义	参数	含义
p10	圆弧的第一个点	V1000	运动速度，表示 1000mm/s
p20	圆弧的第二个点	Z50	转弯区数据，其单位为 mm
p40	圆弧的第三个点	Tool0	工具坐标数据

实例：MoveL p10,V1000,fine,Tool0;

　　　　MoveC p30,p40,V500,Z30,Tool0;

解析：先将 TCP Tool0 沿线性路径移动至位置 p10，运动速度为 1000mm/s，且转弯区数据为 fine。

然后将 TCP Tool0 沿圆周路径移动至位置 p40，运动速度为 500mm/s，转弯区数据为 Z30。圆周由起始位置为 p10、圆周点为 p30 和目的点为 p40（见图 2-71）。

4. 绝对位置运动指令（MoveAbsJ）

绝对位置运动指令用于将工业机器人或者外部轴移动到一个绝对位置，该位置在轴定位中定义。绝对位置运动指令各参数含义如表 2-13 所示。

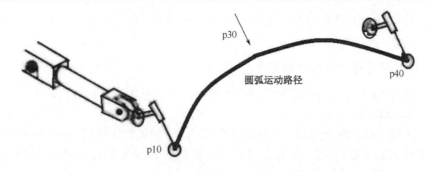

图 2-71 圆弧运动指令（MoveC）示意图

表 2-13 绝对位置运动指令各参数含义

参数	含义
*	目标点位置数据
\NoEOffs	外轴不带偏移数据
V1000	运动速度，表示 1000mm/s
Z50	转弯区数据，转弯区数据的值越大，工业机器人的动作越圆滑、流畅
Tool0	工具坐标数据，其单位为 mm
wobj1	工件坐标数据

实例：MoveAbsJ *\NoEOffs,V1000,Z50,Tool0;

解析：工业机器人携带工具 Tool0 以 1000mm/s 的速度和 Z50 的转弯区数据，沿非线性路径移动到绝对位置。

2.2.2 I/O 指令

1. Set 数字信号置位指令

Set 数字信号置位指令用于将数字输出（Digital Output）信号置位为 1。

实例：Set DO1;

解析：将信号 DO1 置位为 1。

如果在 Set 数字信号置位指令前有运动指令 MoveL、MoveJ、MoveC、MoveAbsJ 的转弯区数据，那么必须使用 fine 才可以准确地输出 I/O 信号状态。

2. Reset 数字信号复位指令

Reset 数字信号复位指令用于将数字输出信号复位为 0。

实例：Reset DO1;

解析：将信号 DO1 复位为 0。

如果在 Reset 数字信号复位指令前有运动指令 MoveL、MoveJ、MoveC、MoveAbsJ 的转弯区数据，那么必须使用 fine 才可以准确地输出 I/O 信号状态。

3. SetGO 指令

SetGO 指令用于改变一组数字信号输出信号的值。

实例：SetGo go2,12;

解析：将信号 go2 设置为 12。如果信号 go2 包含 4 个信号，如输出 6～9，则将 6 和 7 设置为 0，并将 8 和 9 设置为 1。

4. WaitDI 数字输入信号判断指令

WaitDI 数字输入信号判断指令用于判断数字输入信号的值与目标值是否一致。

实例：WaitDI DI1,1;

解析：在程序执行此指令时，等待 DI1 的值为 1。如果 DI1 的值为 1，则程序继续往下执行；如果达到最大等待时间 300s 后（也可以设定小于 300s 的等待时间），DI1 的值还不为 1，那么工业机器人将报警或执行出错处理程序。

5. WaitUntil 信号判断指令

WaitUntil 信号判断指令用于布尔量、数字量和 I/O 信号的判断。如果条件达到指令中的设定值，则程序继续往下执行；否则一直等待，直至设定的最大等待时间。

实例：WaitUntil DI1=1;

    WaitUntil DO1=1;

    WaitUntil flag1=TRUE;

    WaitUntil reg1=10;

解析：等待 DI1 的值为 1；等待 DO1 的值为 1；等待 flag1（布尔量）的值为 TRUE；等待 reg1（数字量）的值为 10。

6. PulseDO 脉冲输出指令

PulseDO 脉冲输出指令用于产生关于数字信号输出信号的脉冲。

实例：PulseDO DO1;

解析：在程序执行此指令时，输出信号 DO1 将产生长度为 0.2s 的脉冲。

2.2.3　赋值指令

"：="赋值指令用于对程序数据进行赋值，赋值的内容可以是常量也可以是表达式。

1. 常量赋值

实例：reg1:＝6;

解析：将常量 6 赋值给变量 reg1。

2. 表达式赋值

实例：reg2:＝reg1+2;

解析：将表达式 reg1+2 赋值给变量 reg2。

2.2.4　逻辑判断指令

逻辑判断指令用于对条件进行判断后，执行相应的操作，是 RAPID 模块的重要组成部分。

1. Compact IF 紧凑型条件判断指令

实例：IF flag1=TRUE

    reg1:＝1;

解析：如果 flag1 的状态为 TRUE，则 reg1 被赋值为 1。

2．IF 条件判断指令

IF 条件判断指令用于求解一个或多个条件表达式，如果条件表达式有多个，则进行连续求值，直至其中一个求值为真，再执行相应的语句。如果任何条件表达式求值均不为真，则执行 ELSE 子句。

RAPID 模块中的 IF 语句的一般结构如下。

```
IF<条件表达式>THEN
    <语句块>                ! 条件表达式为真时执行
ENDIF

IF<条件表达式>THEN
    <语句块1>               ! 条件表达式为真时执行
ELSE
    <语句块2>               ! 条件表达式为假时执行
ENDIF
```

在条件表达式为真时要执行的命令如果只有一条，则可以省略 THEN 语句和 ENDIF 语句，使用 IF 语句的简洁形式，如 IF ABC=1 GOTO NEXT。

实例：IF reg1=1 THEN
　　　　　　reg2:=reg1+1;
　　　　ELSEIF reg1=2 THEN
　　　　　　flag1:=TRUE;
　　　　ELSE
　　　　　　Set DO1;
　　　　ENDIF

解析：如果 reg1 的值为 1，则将表达式 reg1+1 赋值给 reg2；如果 reg1 的值为 2，则将 TRUE 赋值给 flag1；否则，将 DO1 置位为 1。

3．TEST 逻辑指令

如果 TEST 语句表达式的值和 CASE 语句中某个常量的值相等，则执行该部分 CASE 语句；否则，执行 DEFAULT 后面的语句，DEFAULT 为可选子句。如果表达式的值与多个常量值相等，则执行相同的语句，可以把多个常量写在同一个 CASE 语句中，并用"，"分隔（表达式和常量的数据类型为数值型）。

RAPID 模块中的 TEST 语句的一般结构如下。

```
TEST<表达式>
CASE<常量1>:
<语句块1>
CASE<常量2>:
<语句块2>
……
CASE<常量n>:
<语句块n>
```

```
DEFAULT
<语句块>
ENDTEST
```

实例：TEST reg1

  CASE 1,2,3

    routine1

  CASE 4

    routine2

  DEFAULT

    TPWrite "Illegal choise";

    STOP;

  ENDTEST

解析：根据 reg1 的值，执行不同的指令。如果 reg1 的值为 1、2 或 3，则执行 routine1；如果 reg1 的值为 4，则执行 routine2；否则，打印出错误消息，并停止。

4. FOR 重复执行判断指令

FOR 重复执行判断指令根据循环变量在指定范围内递增（或递减），重复执行语句块。因此，当一个或多个指令需要重复多次执行时，可使用 FOR 语句。

RAPID 模块中的 FOR 语句的一般结构如下。

```
FOR<循环变量>FROM<初始值>TO<终止值>[STEP<步长值>]DO
<语句块>
ENDFOR
```

当循环开始时，循环变量将从 FROM 初始值开始递增或递减，如果未指定 STEP 步长值，则默认 STEP 步长值为 1；如果递减，则需将 STEP 步长值设为负值。在每次循环前，循环变量都将更新，并对照循环范围核实。只要循环变量的值不在循环范围内，循环就会结束，并继续执行后续语句。

实例：FOR I FROM 1 TO 10 DO

    reg1:=reg1+1;

  ENDFOR

解析：reg1 自加 1 重复执行 10 次。

5. WHILE 条件判断指令

WHILE 条件判断指令用于在满足给定条件的情况下，一直重复执行对应的指令。只要条件表达式值为真，就会重复执行相应语句块。

RAPID 模块中的 WHILE 语句的一般结构如下。

```
WHILE<条件表达式>DO
<语句块>
ENDWHILE
```

实例：WHILE reg1=1 DO

    Set1 DO1

  ENDWHILE

解析：当满足 reg1=1 的条件时，将 DO1 置位为 1。

2.2.5 其他指令

1. WaitTime 等待指令

WaitTime 等待指令用于使程序在给定时间向下执行，该指令也可用于等待至工业机器人和外轴静止。

实例：WaitTime 3;

        Set DO1;

解析：等待 3s 后，程序向下执行，DO1 置位为 1。

2. AccSet 降低加速度指令

当处理较大负载时，使用 AccSet 降低加速度指令减小加速度，使工业机器人的运动更平滑。AccSet 降低加速度指令各参数含义如表 2-14 所示。

表 2-14　AccSet 降低加速度指令各参数含义

参数	含义
AccSet	指令名称，用于设置加速度
50	加速度倍率，表示加速度占正常值的百分比
80	加速度坡度，表示加速度增加的速率占正常值的百分比

实例：AccSet 50,80

解析：将加速度限制在正常值的 50%，将加速度增加的速率限制在正常值的 80%。

3. VelSet 改变编程速率指令

VelSet 改变编程速率指令用于增加或减少后续定位指令的编程速率，直至新设定的编程速率。VelSet 改变编程速率指令各参数含义如表 2-15 所示。

表 2-15　VelSet 改变编程速率指令各参数含义

参数	含义
VelSet	指令名称，用于设置编程速率
50	速率倍率，表示所需速率占编程速率的百分比
800	最大 TCP 速率，用于限制当前 TCP 速率，单位为 mm/s

实例：VelSet 50,800

解析：将所有编程速率降至 50%，速率不允许超过 800mm/s。

4. CRobT 读取当前位置数据指令

CRobT 读取当前位置数据指令用于读取当前工业机器人和外轴的位置数据。

实例：VAR robtarget PHere:=*;

        PHere:=CRobT (\Tool:=tool0 \WObj:=wobj0);

解析：将当前工业机器人和外轴的位置数据储存在 PHere 中，工具 Tool0 和工件 wobj0 用于计算工业机器人和外轴的位置。

5．Incr 增量为 1 指令

Incr 增量为 1 指令用于向数值变量或永久数据对象增加 1。

实例：Incr reg1;

解析：将 reg1 值增加 1，与 reg1:=reg1+1 指令的作用相同。

6．一维数组指令

一维数组指令用于将点位的位置数据储存在数组里，由程序直接调用。

实例：PERS robtarget Area_2_{6}:=[[[11,22,33],[44,55,66]]

[[12,23,34],[45,56,67]]

[[13,24,35],[46,57,68]]

[[14,25,36],[47,58,69]]

[[15,26,37],[48,59,60]]

[[16,27,38],[49,50,61]]]

```
PROC Main()
PERS num HubNum;
HubNum:=2;
MoveL Area_2_{HubNum},V1000,fine,tool0;
```

解析：将 TCP Tool0 沿线性路径移动至数组 Area_2_{6}的第 2 个点位，其速度为 1000mm/s，转弯区数据为 fine。

任务三　ABB 工业机器人 I/O 配置及使用

2.3.1　认识工业机器人 I/O 通信

1．工业机器人 I/O 通信的种类

工业机器人具有丰富的 I/O 通信接口，可以轻松地实现与周边设备的通信。在一般情况下，工业机器人支持的 I/O 通信方式包括普通 I/O 通信、现场总线通信和网络通信等。I/O 是 Input/Output 的缩写，即输入/输出，工业机器人可通过 I/O 通信与外部设备进行交互。

数字量输入：各种开关信号反馈，如按钮开关、转换开关及触摸屏中的开关等；传感器信号反馈，如光电传感器、光纤传感器等；接触器、继电器触点信号反馈。

数字量输出：控制各种继电器线圈，如接触器、继电器、电磁阀；控制各种指示类信号，如信号灯、蜂鸣器。

1）普通 I/O 通信

普通 I/O 通信包括 Signal 和 Group Signal 两种方式。本地 I/O 模块是工业机器人控制柜中的常见模块之一，是默认必备的模块，常见的有 8 输入和 8 输出类 I/O 模块、16 输入和 16 输出类 I/O 模块。I/O 模块常将 0V 和 24V 的模拟量作为数字控制中的 0 和 1。在小型系统中，普通 I/O 通信常用来连接电磁阀及传感器，以实现对夹具等部件的控制。

在较复杂的 I/O 应用中，可以使用 cross-function 将数个 I/O 信号通过固定的逻辑关系组合在一起，然后通过 1 个 I/O 信号来控制。

在特殊情况下，可以将数个单独的 I/O 信号合并为一个组（group），该组用于传输较复杂的信号，如数字。例如，4 个 I/O 信号组合在一起的 0100（二进制数），可用来表示 4（十进制数）。但在一般情况下并不推荐这种用法，其原因是 I/O 信号数量有限，能够传递的信息数量和复杂度受到限制。如有较多信息需要传递，推荐使用现场总线通信方式，以获得较多的 I/O 信号通道，但是最优的 I/O 通信方式是网络通信方式（非总线的 TCP/IP）。

2）现场总线通信

现场总线（Field Bus）是近年迅速发展起来的一种工业数据总线，主要用于解决工业现场的智能化仪器仪表、控制器、执行机构等智能现场控制设备间的数字通信问题，以及上述智能现场控制设备和高级控制系统之间的信息传递问题。简单地说，现场总线通信就是用数字通信替代了传统 4～20mA 模拟信号及普通开关量信号的传输，是连接智能现场设备和自动化系统的全数字、双向、多站的通信系统。从系统的角度来看，现场总线是用于不同工业设备之间通信的可靠接口，如工业机器人和 PLC 间的通信；从控制方式的角度来看，现场总线是普通 I/O 接口的扩展。

现场总线通信包括 PROFIBUS、ProfiNet、EtherNet（以太网）、DeviceNet、USB 和 Modbus。

PROFIBUS：PROFIBUS 作为一种快速总线，被广泛应用于分布式外围组件（PROFIBUS-DP）。

ProfiNet：ProfiNet 是一种由 PNO（PROFIBUS 用户组织）针对开放式工业以太网制定的标准，是国际上指定的一种针对通信的 IT 标准（如 TCP/IP）。

EtherNet：EtherNet 是办公环境中的主流标准，具有数据传输速率高、与现有网络集成简便，以及服务和接口广泛等优点。

DeviceNet：DeviceNet 是一种用于自动化技术的现场总线标准，由美国的 Allen-Bradley 公司于 1994 年开发。DeviceNet 的底层通信协定为控制器局域网络（CAN），应用层为针对不同设备定义的行规（Profile），主要应用包括资讯交换、安全设备及大型控制系统。

USB：USB 已成为 PC 技术的标准接口，具有传输速率高、拓扑结构灵活（通过集成集线器）等特点，配合 USB 总线耦合器，在信号传输距离较短时可替代现场总线。

Modbus：Modbus 是一种基于主/从结构的开放式串行通信协议，可非常轻松地在所有类型的串口上实现，已被广泛接受。

是否使用总线，以及使用何种总线，一般取决于系统中除工业机器人系统之外的设备支持的通信方式。如果电气控制系统中的 PLC 支持 ProfiNet，而且 PLC 和工业机器人系统有控制系统的交互，那么工业机器人一般会选配 ProfiNet 通信功能。总线的配置方式各不相同，但其使用方式与普通 I/O 通讯方式类似。

3）网络通信

网络通信主要包括 Socket、PC SDK、RWS（Robot Web Service）、OPC、RMQ（Robot Message Queue）。网络通信可以字符串的形式发送各种数据，也可以一次将各种数据以特定的形式打包后发送。例如，让工业机器人 1 在工位 2 处进行抓取后在工位 3 处进行放下可以表示为"robot1;pick Position2;place Position3"。

Socket：Socket 是基于 TCP/IP 的通信方式，底层由握手信号来确定信息的完整性，需要注意如下两点。

（1）Socket 通信的连接状态只有在通信时才能真正判断，因此在某些对系统实时状态监控要求较高的情况下，需要单独建立"心跳"机制。

（2）ABB 工业机器人系统所支持的最大 Socket 字符串长度为 1024B；虽然系统只支持不超过 80B 的字符串，我们仍可以使用自定义字符数组或者 rawdata 等方式实现更大的 Socket 通信长度。

PC SDK：ABB 提供了对 ABB 工业机器人进行远程通信和控制的控制接口，PC SDK 就是其中一种接口类型。只要在高级编程语言（只支持面向对象，如 C#）中调用 PC SDK 的 dll，就可以获取其丰富的功能（该功能的实现要求工业机器人端配备 PC Interface 选项），这些功能包括数据控制、程序控制、工业机器人信息读取、Log 读取、Log 订阅和 Log 备份等。

RWS：RWS 所提供的功能与 PC SDK 类似，只是实现方式不一样。RWS 基于 HTTP 的特点使得其不受编程语言的影响，能够实现跨平台应用。进一步，在 HTTP 中，可以通过四个表示操作方式的动词，即 GET、POST、PUT、DELETE，来实现对应的四种基本操作。其中，GET 用来获取资源，POST 用来新建资源（也可以用来更新资源），PUT 用来更新资源，DELETE 用来删除资源。

OPC：OPC（OLE for Process Control，用于过程控制的 OLE）是一种工业标准；OLE（Object Linking and Embedding，对象连接与嵌入）是在客户应用程序间传输和共享信息的一组综合标准。ABB 工业机器人支持 OPC 的前提是系统配置了 PC Interface 选项，并通过 ABB IRC5 OPC Configuration 工具进行了相应的配置。

RMQ：RMQ 是 ABB 工业机器人的一种比较特殊的通信方式，用于工业机器人不同任务之间（类似于高级语言的多线程）的通信，也可以用于工业机器人和 PC 的通信。RMQ 通信模式包括中断模式和同步模式，具体情况如下。

（1）在中断模式下，信息发送后，接收信息的一方会立即（最近的可中断点）进入中断，并在中断中立即对信息进行处理，从而保证实现最快的实时性。

（2）在同步模式下，接收方只在执行读取指令时才会对信息进行处理。

特别要注意的是，当和 PC 通信时，PC 端必须使用 PC SDK。RMQ 的优点是在中断模式下，能够以最快的速度响应信息，并且信息的格式不定，甚至支持自定义的结构体。RMQ 的缺点是使用起来较复杂。

2. ABB 工业机器人 I/O 通信接口

ABB 工业机器人具有丰富的 I/O 通信接口（如 ABB 标准通信接口、现场总线通信接口、数据通信接口），可以轻松地实现与周边设备的通信。ABB 工业机器人 I/O 通信接口如表 2-16 所示。

表 2-16 ABB 工业机器人 I/O 通信接口

ABB 标准通信接口	现场总线通信接口	数据通信接口
标准 I/O 板 ABB PLC	DeviceNet PROFIBUS ProfiNet EtherNet/IP CCLink	串口通信 Socket 通信 ……

ABB 的标准 I/O 板提供的常用信号处理有数字输入、数字输出、组输入、组输出、模拟输入及模拟输出。ABB 工业机器人可以选配标准的 ABB PLC，解决了与外部 PLC 进行通信设置的麻烦，并且在 ABB 工业机器人示教器上就能实现与 PLC 相关的操作。

3．ABB 标准 I/O 板介绍

ABB 标准 I/O 板提供的常用信号有数字输入 DI、数字输出 DO、模拟输入 AI、模拟输出 AO。常用的 ABB 标准 I/O 板型号及其通信接口说明如表 2-17 所示。

表 2-17　常用的 ABB 标准 I/O 板型号及其通信接口说明

序号	型号	通信接口说明
1	DSQC 651	分布式 I/O 模块 DI8、DO8、AO2
2	DSQC 652	分布式 I/O 模块 DI16、DO16
3	DSQC 653	分布式 I/O 模块 DI8、DO8，带继电器
4	DSQC 355	分布式 I/O 模块 AI4、AO4
5	DSQC 377	输送链跟踪单元

1）标准 I/O 板 DSQC 651

DSQC 651 主要提供 8 个数字输入信号、8 个数字输出信号和 2 个模拟输出信号的处理。DSQC 651 模块接口说明如表 2-18 所示。

表 2-18　DSQC 651 模块接口说明

标号	模块接口说明
A	数字输出信号信号灯
B	X1 数字输出接口
C	X6 模拟输出接口
D	X5 DeviceNet 接口
E	模块状态信号灯
F	X3 数字输入接口
G	数字输入信号信号灯

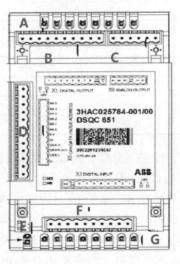

因为 ABB 标准 I/O 板是挂在 DeviceNet 网络上的，所以要设定模块在网络中的地址。DSQC 651 中的编号为 X1、X3、X5、X6 的端子说明分别如表 2-19～表 2-22 所示。

表 2-19　X1 端子说明

X1 端子编号	使用定义	地址分配	X1 端子编号	使用定义	地址分配
1	OUTPUT CH1	32	6	OUTPUT CH6	37
2	OUTPUT CH2	33	7	OUTPUT CH7	38
3	OUTPUT CH3	34	8	OUTPUT CH8	39
4	OUTPUT CH4	35	9	0V	—
5	OUTPUT CH5	36	10	24V	—

表 2-20　X3 端子说明

X3 端子编号	使用定义	地址分配	X3 端子编号	使用定义	地址分配
1	INPUT CH1	0	6	INPUT CH6	5
2	INPUT CH2	1	7	INPUT CH7	6
3	INPUT CH3	2	8	INPUT CH8	7
4	INPUT CH4	3	9	0V	—
5	INPUT CH5	4	10	未使用	—

表 2-21　X5 端子说明

X5 端子编号	使用定义	X5 端子编号	使用定义
1	0V，BLACK（黑色）	7	模块 ID bit 0 (LSB)
2	CAN 信号线 low，BLUE（蓝色）	8	模块 ID bit 1 (LSB)
3	屏蔽线	9	模块 ID bit 2 (LSB)
4	CAN 信号线 high，WHITE（白色）	10	模块 ID bit 3 (LSB)
5	24V，RED（红色）	11	模块 ID bit 4 (LSB)
6	GND 地址选择公共端	12	模块 ID bit 5 (LSB)

表 2-22　X6 端子说明（模拟输出范围：0～10V）

X6 端子编号	使用定义	地址分配	X6 端子编号	使用定义	地址分配
1	未使用	—	4	0V	—
2	未使用	—	5	模拟输出 AO1	0～15
3	未使用	—	6	模拟输出 AO2	16～31

编号为 6～12 的 X5 端子所对应的跳线用于决定模块的地址，地址可用范围为 10～63。其中，端子 6 是 GND 地址选择公共端，端子 7 对应模块地址 1、端子 8 对应模块地址 2、端子 9 对应模块地址 4、端子 10 对应模块地址 8、端子 11 对应模块地址 16、端子 12 对应模块地址 32（见图 2-72），最终获得的模块地址是未接通的端子对应模块地址之和。如果想要获得模块地址 10，则可将端子 8 和端子 10 对应的第 8 脚和第 10 脚的跳线去掉，使端子 8 和端子 10 不能接通。端子 8 和端子 10 分别对应模块地址 2 和模块地址 8，模块地址和为 10，从获得模块地址 10 的地址。

2）标准 I/O 板 DSQC 652

DSQC 652 主要提供 16 个数字输入信号和 16 个数字输出信号的处理。DSQC 652 模块接口说明如表 2-23 所示。

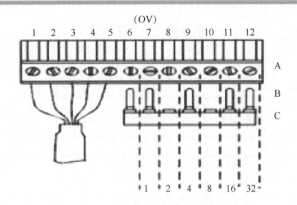

图 2-72 跳线与地址对应图

表 2-23 DSQC 652 模块接口说明

标号	模块接口说明
A	数字输出信号信号灯
B	X1、X2 数字输出接口
C	X5 DeviceNet 接口
D	模块状态信号灯
E	X3、X4 数字输入接口
F	数字输入信号信号灯

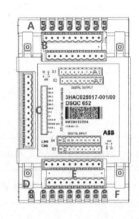

DSQC 652 中的编号为 X1、X2、X4 的端子说明分别如表 2-24～表 2-26 所示，其 X3 端子和 X5 端子说明与 DSQC 651 中的 X3 端子和 X5 端子说明相同（见表 2-20 和表 2-21）。

表 2-24 X1 端子说明

X1 端子编号	使用定义	地址分配	X1 端子编号	使用定义	地址分配
1	OUTPUT CH1	0	6	OUTPUT CH6	5
2	OUTPUT CH2	1	7	OUTPUT CH7	6
3	OUTPUT CH3	2	8	OUTPUT CH8	7
4	OUTPUT CH4	3	9	0V	—
5	OUTPUT CH5	4	10	24V	—

表 2-25 X2 端子说明

X2 端子编号	使用定义	地址分配	X2 端子编号	使用定义	地址分配
1	OUTPUT CH9	8	6	OUTPUT CH14	13
2	OUTPUT CH10	9	7	OUTPUT CH15	14
3	OUTPUT CH11	10	8	OUTPUT CH16	15
4	OUTPUT CH12	11	9	0V	—
5	OUTPUT CH13	12	10	24V	—

表 2-26 X4 端子说明

X4 端子编号	使用定义	地址分配	X4 端子编号	使用定义	地址分配
1	INPUT CH9	8	6	INPUT CH14	13
2	INPUT CH10	9	7	INPUT CH15	14
3	INPUT CH11	10	8	INPUT CH16	15
4	INPUT CH12	11	9	0V	—
5	INPUT CH13	12	10	24V	—

3）标准 I/O 板 DSQC 653

DSQC 653 主要提供 8 个数字输入信号和 8 个数字继电器输出信号的处理。DSQC 653 模块接口说明如表 2-27 所示。

表 2-27 DSQC 653 模块接口说明

标号	模块接口说明
A	数字继电器输出信号信号灯
B	X1 数字继电器输出信号接口
C	X5 DeviceNet 接口
D	模块状态信号灯
E	X3 数字输入信号接口
F	数字输入信号信号灯

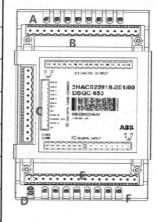

DSQC 653 中的 X1 端子说明、X3 端子说明分别如表 2-28 和表 2-29 所示，其 X5 端子说明与 DSQC 651 中的 X5 端子说明相同（见表 2-21）。

表 2-28 X1 端子说明

X1 端子编号	使用定义	地址分配	X1 端子编号	使用定义	地址分配
1	OUTPUT CH1A	0	9	OUTPUT CH5A	4
2	OUTPUT CH1B		10	OUTPUT CH5B	
3	OUTPUT CH2A	1	11	OUTPUT CH6A	5
4	OUTPUT CH2B		12	OUTPUT CH6B	
5	OUTPUT CH3A	2	13	OUTPUT CH7A	6
6	OUTPUT CH3B		14	OUTPUT CH7B	
7	OUTPUT CH4A	3	15	OUTPUT CH8A	7
8	OUTPUT CH4B		16	OUTPUT CH8B	

表 2-29　X3 端子说明

X3 端子编号	使用定义	地址分配	X3 端子编号	使用定义	地址分配
1	INPUT CH1	0	6	INPUT CH6	5
2	INPUT CH2	1	7	INPUT CH7	6
3	INPUT CH3	2	8	INPUT CH8	7
4	INPUT CH4	3	9	0V	—
5	INPUT CH5	4	10～16	未使用	—

4）标准 I/O 板 DSQC 355

DSQC 355 主要提供 4 个数字输入信号和 4 个数字继电器输出信号的处理。DSQC 355 模块接口说明如表 2-30 所示。

表 2-30　DSQC 355 模块接口说明

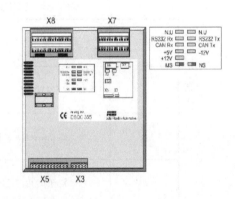

标号	模块接口说明
A	X8 模拟输入端口
B	X7 模拟输出端口
C	X5 DeviceNet 接口
D	X3 供电电源接口

DSQC 355 中的 X3 端子说明、X7 端子说明、X8 端子说明分别如表 2-31～表 2-33 所示，其 X5 端子说明与 DSQC 651 中的 X5 端子说明相同（见表 2-21）。

表 2-31　X3 端子说明

X3 端子编号	使用定义	X3 端子编号	使用定义
1	0V	4	未使用
2	未使用	5	+24V
3	接地	—	—

表 2-32　X7 端子说明

X7 端子编号	使用定义	地址分配	X7 端子编号	使用定义	地址分配
1	模拟输出_1，-10V/+10V	0～15	19	模拟输出_1，0V	—
2	模拟输出_2，-10V/+10V	16～31	20	模拟输出_2，0V	—
3	模拟输出_3，-10V/+10V	32～47	21	模拟输出_3，0V	—
4	模拟输出_1，4～20mA	48～63	22	模拟输出_4，0V	—
5～18	未使用	—	23～24	未使用	—

表 2-33　X8 端子说明

X8 端子编号	使用定义	地址分配	X8 端子编号	使用定义	地址分配
1	模拟输入_1，-10V/+10V	0～15	25	模拟输入_1，0V	—
2	模拟输入_2，-10V/+10V	16～31	26	模拟输入_2，0V	—
3	模拟输入_3，-10V/+10V	32～47	27	模拟输入_3，0V	—
4	模拟输入_1，4～20mA	48～63	28	模拟输入_4，0V	—
5～16	未使用	—	29～32	0V	—
17～24	+24V	—	—	—	—

5）标准 I/O 板 DSQC 377

DSQC 377 主要提供工业机器人输送链跟踪功能所需的编码器与同步开关信号的处理。DSQC 377 模块接口说明如表 2-34 所示。

表 2-34　DSQC 377 模块接口说明

标号	模块接口说明
A	X20 编码器与同步开关的端子
B	X5 DeviceNet 接口
C	X3 供电电源接口

DSQC 377 中的 X20 端子说明如表 2-35 所示，其 X3 端子说明和 X5 端子说明与 DSQC 651 中的 X3 端子说明与 X5 端子说明相同（见表 2-20 和表 2-21）。

表 2-35　X20 端子说明

X20 端子编号	使用定义	X20 端子编号	使用定义
1	24V	6	编码器 1，B 相
2	0V	7	数字输入信号 1，24V
3	编码器 1，24V	8	数字输入信号 1，0V
4	编码器 1，0V	9	数字输入信号 1，信号
5	编码器 1，A 相	10～16	未使用

2.3.2　ABB 标准 I/O 板 DSQC 652 的配置

ABB 标准 I/O 板提供的常用信号处理有数字输入 DI、数字输出 DO、模拟输入 AI、模拟输出 AO，本项目以 ABB 标准 I/O 板 DSQC 652 为例来讲解如何进行相关参数的设定。

1. DSQC 652 的配置

由 2.3.1 节可知，DSQC 652 主要提供 16 个数字输入信号和 16 个数字输出信号的处理。DSQC 652 总线连接的相关参数及说明如表 2-36 所示。

表 2-36 DSQC 652 总线连接的相关参数及说明

参数名称	设定值	说明
Name	board10	设定 I/O 板在系统中的名字，10 代表 I/O 板在 DeviceNet 现场总线上的地址是 10
Tpye of Unit	d652	设定 I/O 板的类型
Connected to Bus	DeviceNet	设定 I/O 板连接的总线（系统默认值）
Address	10	设定 I/O 板在总线中的位置

配置 DSQC 652 的操作步骤如下。

（1）单击"主菜单"图标，如图 2-73 所示。

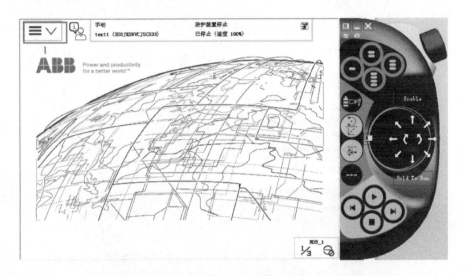

图 2-73 单击"主菜单"图标

（2）在弹出的界面中单击"控制面板"选项，如图 2-74 所示。

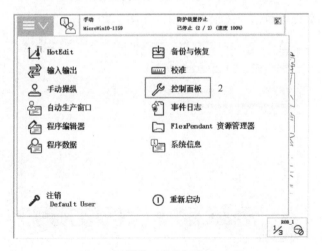

图 2-74 单击"控制面板"选项

（3）在弹出的界面中单击"配置"选项，如图 2-75 所示。

图 2-75　单击"配置"选项

（4）在弹出的界面中单击"DeviceNet Device"选项，如图 2-76 所示。

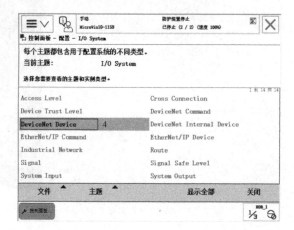

图 2-76　单击"DeviceNet Device"选项

（5）在弹出的界面中单击"添加"按钮，如图 2-77 所示。

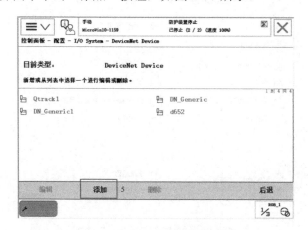

图 2-77　单击"添加"按钮

（6）在弹出的界面中将"使用来自模板的值"设置为"DSQC 652 24 VDC I/O Device"，如图 2-78 所示。

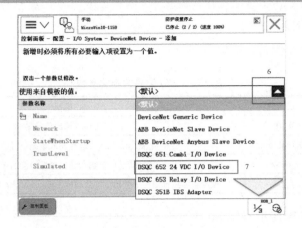

图 2-78　单击"DSQC 652 24 VDC I/O Device"选项

（7）将"Address"设置为"10"，如图 2-79 所示。

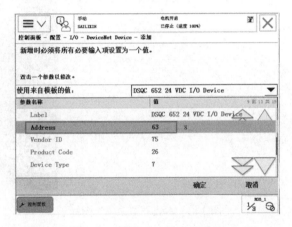

图 2-79　修改"Address"的值

（8）单击"确定"按钮，弹出"重新启动"提示框，如图 2-80 所示，单击"是"按钮，进行重启。

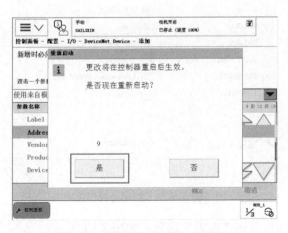

图 2-80　"重新启动"提示框

2. I/O 信号的配置

I/O 信号的相关参数如表 2-37 所示。

表 2-37　I/O 信号的相关参数

参数名称	设定值	说明
Name	DI_10_0	定义输入输出信号名称
Tpye of Signal	Digital Input	根据实际情况选择输入输出信号的类型
Assigned to Device	d652	选择所使用的输入输出信号连接的设备名称
Device Mapping	0	根据实际情况定义信号相应的物理映射端口（与输入输出板的特性相关）

配置 I/O 信号的操作步骤如下。

（1）单击"主菜单"图标，如图 2-81 所示。

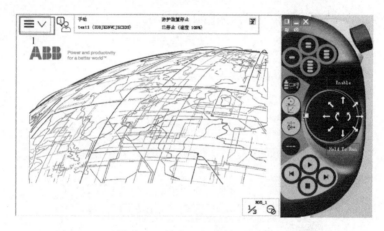

图 2-81　单击"主菜单"图标

（2）在弹出的界面中单击"控制面板"选项，如图 2-82 所示。

图 2-82　单击"控制面板"选项

（3）在弹出的界面中单击"配置"选项，如图 2-83 所示。

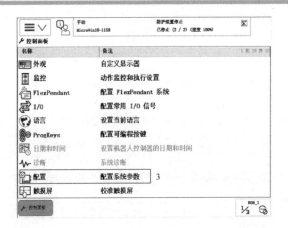

图 2-83　单击"配置"选项

（4）在弹出的界面中单击"Signal"选项，如图 2-84 所示。

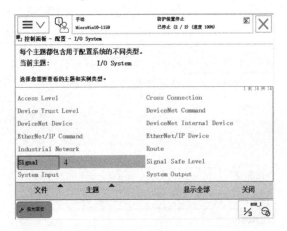

图 2-84　单击"Signal"选项

（5）在弹出的界面中单击"添加"按钮，如图 2-85 所示

图 2-85　单击"添加"按钮

（6）在弹出的界面中将"Name"设置为"DT_10_0"，将"Type of Signal"设置为"Digital Input"，将"Assigned to Device"设置为"d652"，将"Device Mapping"设置为"0"，

如图 2-86 所示。

图 2-86　设置相应参数

（7）单击"确定"按钮，弹出"重新启动"提示框，如图 2-87 所示，单击"是"按钮，进行重启。

图 2-87　"重新启动"提示框

2.3.3　远程 I/O 模块配置

远程 I/O 模块（FR8030）实物示意图如图 2-88 所示。远程 I/O 参数对照表如图 2-89 所示。

图 2-88　远程 I/O 模块（FR8030）实物示意图

图 2-89 远程 I/O 参数对照表

在配置 DSQC 652 的基础上，进一步配置远程 I/O 模块。配置远程 I/O 模块的前四步操作与配置 DSQC 652 的前四步操作相同（见 2.3.2 节），其余操作步骤如下。

（1）单击"添加"按钮，如图 2-90 所示。

图 2-90 单击"添加"按钮

（2）在弹出的界面中将"使用来自模板的值"设置为"DeviceNet Generic Device"，如图 2-91 所示。

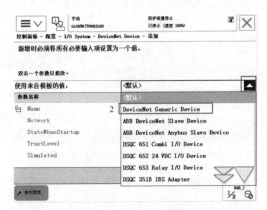

图 2-91 单击"DeviceNet Generic Device"选项

（3）将 I/O 板命名为 Board11，如图 2-92 所示。

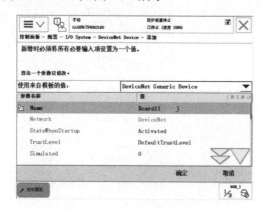

图 2-92　将 I/O 板命名为 Board11

（4）对相应参数进行设置（请按照远程 I/O 参数对照表进行），如图 2-93 和图 2-94 所示。

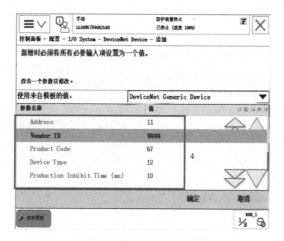

图 2-93　对相应参数进行设置（一）

图 2-94　对相应参数进行设置（二）

（5）设置完成后单击"确定"按钮，弹出"重新启动"提示框，如图 2-95 所示，单击"是"按钮，进行重启。

图 2-95 "重新启动"提示框

2.3.4 设置工业机器人通信 IP 地址

设置工业机器人通信 IP 地址的操作步骤如下。

（1）单击"主菜单"图标，如图 2-96 所示。

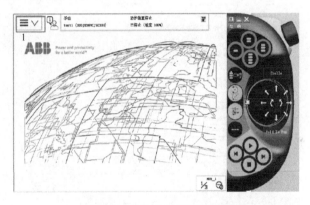

图 2-96 单击"主菜单"图标

（2）在弹出的界面中单击"控制面板"选项，如图 2-97 所示。

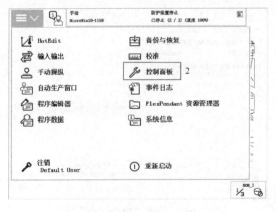

图 2-97 单击"控制面板"选项

（3）在弹出的界面中单击"配置"选项，如图 2-98 所示。

图 2-98　单击"配置"选项

（4）在弹出的界面中单击"主题"下拉列表，选择"Communication"选项，如图 2-99 所示。

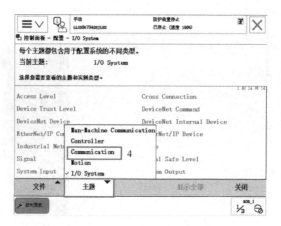

图 2-99　单击"主题"下拉列表

（5）在弹出的界面中单击"IP Setting"选项，如图 2-100 所示。

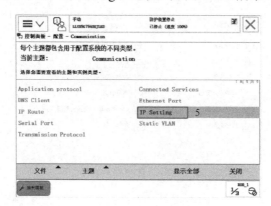

图 2-100　单击"IP Setting"选项

（6）在弹出的界面中单击"添加"按钮，如图 2-101 所示。

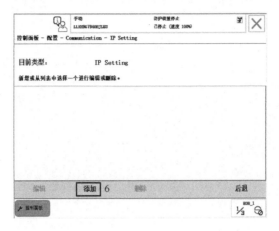

图 2-101　单击"添加"按钮

（7）在弹出的界面中根据图 2-102 设置 IP，然后单击"确定"按钮。

图 2-102　设置 IP

（8）在弹出的"重新启动"提示框（见图 2-103）中单击"是"按钮，进行重启。

图 2-103　"重新启动"提示框

项目三 工业机器人工作站与视觉系统集成

思维导图

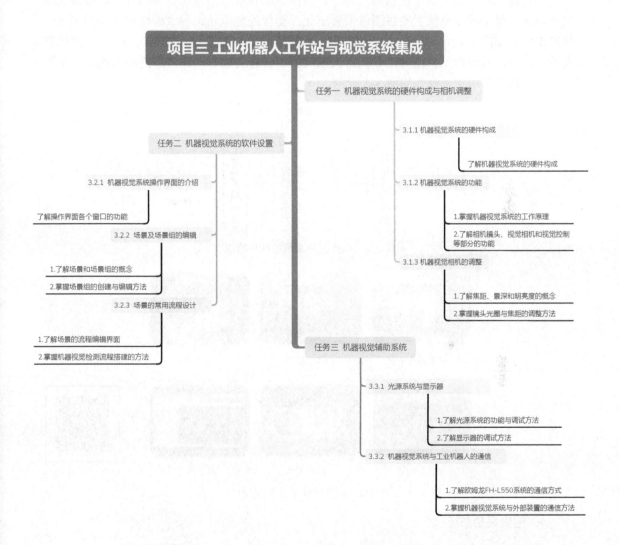

项目三 工业机器人工作站与视觉系统集成

任务一 机器视觉系统的硬件构成与相机调整

3.1.1 机器视觉系统的硬件构成

了解机器视觉系统的硬件构成

3.1.2 机器视觉系统的功能

1.掌握机器视觉系统的工作原理

2.了解相机镜头、视觉相机和视觉控制等部分的功能

3.1.3 机器视觉相机的调整

1.了解焦距、景深和明亮度的概念

2.掌握镜头光圈与焦距的调整方法

任务二 机器视觉系统的软件设置

3.2.1 机器视觉系统操作界面的介绍

了解操作界面各个窗口的功能

3.2.2 场景及场景组的编辑

1.了解场景和场景组的概念

2.掌握场景组的创建与编辑方法

3.2.3 场景的常用流程设计

1.了解场景的流程编辑界面

2.掌握机器视觉检测流程搭建的方法

任务三 机器视觉辅助系统

3.3.1 光源系统与显示器

1.了解光源系统的功能与调试方法

2.了解显示器的调试方法

3.3.2 机器视觉系统与工业机器人的通信

1.了解欧姆龙FH-L550系统的通信方式

2.掌握机器视觉系统与外部装置的通信方法

任务一　机器视觉系统的硬件构成与相机调整

3.1.1　机器视觉系统的硬件构成

机器视觉系统的主要工作包括三部分，即图像的获取、图像的处理和分析、图像的输出或显示。机器视觉系统主要由图像采集单元、图像处理单元、图像处理软件和网络通信装置组成，如图 3-1 所示。常见的与机器视觉系统配套使用的设备有 PLC、PC、工业机器人等，其中，机器视觉系统与工业机器人系统的组合较为成熟，已被广泛应用在工业生产中。机器视觉系统相关硬件如图 3-2 所示。

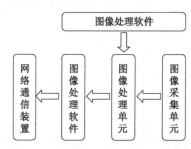

图 3-1　机器视觉系统的硬件构成

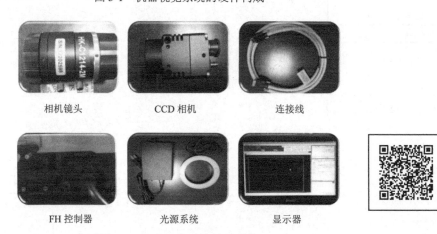

图 3-2　机器视觉系统相关硬件

1．图像采集单元

图像采集单元包括光源系统、镜头和视觉相机等部分，相当于普通意义上的 CCD/CMOS 相机和图像采集卡，可将光学图像转换为模拟/数字图像，并输出至图像处理单元。

光源系统负责对待检测的元件进行照明，使元件的关键特征清晰地呈现在视觉相机的检测范围内，确保视觉相机能够获取清楚的元件的关键特征；镜头负责采集图像，并将图像的信息传输给传感器；视觉相机负责将处理后的图像信息传输至图像处理单元。

2．图像处理单元

图像处理单元类似于图像采集卡/处理卡，是重要的 I/O 单元，可对图像进行高速传输，也可对图像采集单元的图像数据进行实时存储，以及在图像处理软件的支持下对图像进行数字化处理。

3．图像处理软件

图像处理软件主要用于在图像处理单元硬件环境的支持下完成图像处理功能，如几何边缘的提取、简单的定位和搜索等。在智能相机中，以上算法都被封装成固定的模块，用户可直接应用。

4．网络通信装置

网络通信装置是机器视觉系统的重要组成部分，主要用于完成控制信息、图像数据的通信任务。由于视觉相机均内置了以太网通信装置，支持多种标准网络和总线协议，所以多台视觉相机可构成更大的机器视觉系统。

3.1.2 机器视觉系统的功能

根据设备功能需求，采用欧姆龙 FZ-SC 彩色 CCD 相机，结合欧姆龙 FH-L550 处理器对六自由度工业机器人抓取的物体进行视觉识别，并且把被识别物体的颜色、形状、位置等特征信息发送至中央控制器和工业机器人控制器，工业机器人根据被识别物体的特征执行相应的动作，从而实现整个工作站的顺利运行。

机器视觉系统工作原理图如图 3-3 所示。

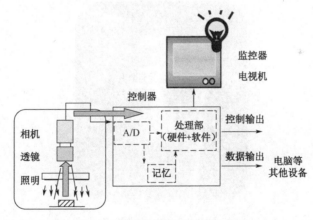

图 3-3 机器视觉系统工作原理图

1．相机镜头

相机镜头（见图 3-4）的基本功能就是实现光束调制，在机器视觉系统中，相机镜头的主要作用是将目标成像在图像传感器的光敏面上。相机镜头的质量直接影响着机器视觉系统的整体性能，合理地选择和安装相机镜头是机器视觉系统设计的重要环节。

图 3-4　相机镜头

2. 视觉相机

根据采集图像的芯片，视觉相机可以分成两种，即 CCD、CMOS。CCD（Charge Coupled Device）是电荷耦合器件图像传感器，由一种高感光度的半导体材料制成，能把光线转变成电荷，再通过模数转换器芯片转换成数字信号，数字信号经过压缩后再由视觉相机内部的闪速存储器或内置硬盘卡保存。CMOS（Complementary Metal Oxide Semiconductor）是互补金属氧化物半导体，由硅和锗制成，通过其中带负电和带正电的晶体管来实现处理功能。带负电和带正电的晶体管的互补效应所产生的电流可被芯片记录和解读成影像。两者相比，COMS 容易出现噪点、过热的现象；CCD 抑噪能力强、图像还原性高，但其制造工艺复杂，相对耗电量高、成本高。CCD 视觉相机如图 3-5 所示。

图 3-5　CCD 视觉相机

3. 视觉控制器

欧姆龙 FH-L550 控制器具有紧凑性高、运行处理速度快、程序编写简单等特点，集定位、识别、计数等功能于一体，可同时连接两台视觉相机进行视觉处理，支持以太网通信。

欧姆龙 FH-L550 控制器面板接口如表 3-1 所示。

表 3-1　欧姆龙 FH-L550 控制器面板接口

序号	接口名称
1	控制器系统运行显示区
2	SD 槽
3	USB 接口
4	显示器接口
5	通信网口
6	并行 I/O 通信接口
7	RS232 通信接口
8	相机接口
9	控制器电源接口

欧姆龙视觉系统具有如下特点。

（1）易学、易用、易维护、安装方便，可在短期内构建起可靠且有效的机器视觉系统。

（2）结构紧凑，尺寸小，易于安装在生产线和各种设备上，且便于装卸和移动。

（3）实现了图像采集单元、图像处理单元、图像处理软件、网络通信装置的高度集成，通过可靠性设计，可以获得较高的效率及稳定性。

（4）已固化了成熟的机器视觉算法，用户无须编程就可实现有/无判断、表面/缺陷检查、尺寸测量、OCR/OCV、条码阅读等功能，极大地提高了应用系统的开发速度。

3.1.3　机器视觉相机的调整

1. 焦距、景深和明亮度

1）焦距

焦距也称为焦长，是光学系统中光的聚集或发散的度量方式，是指主点到成像面的距离，也是指相机中从镜片光学中心到底片或图像传感器成像平面的距离。短焦距镜头的焦距数值小，成像面距离主点近，画角是广角，可拍摄宽广的场景；长焦距镜头的焦距数值大，成像面距离主点远，画角窄，可拍摄较远的场景；变焦镜头可通过改变镜头焦距，使相机清晰成像。

2）景深

景深是指在景物空间中能在实际像平面上获得相对清晰影像的景物空间深度范围。景深通常由物距、镜头焦距及镜头的光圈值决定。当光圈值固定时，增加放大率，会减少景深；减少放大率，会增加景深。当放大率固定时，增加光圈值景深会增加；减少光圈值景深会减少。

3）明亮度

明亮度是相机芯片得到明亮光线的范围，明亮度与口径和焦距的变化有关。变焦镜头中有用于调整明亮度的光圈构件，通过调整这些构件可调整镜头明亮度。

2. 镜头的光圈与焦距调整

当硬件连接完毕后，开启机器视觉系统，进入"图像输入 FH"处理项目，观察视觉成像是否清晰。如果成像黑暗，则松开图 3-6 中的 2 号螺丝，通过旋转光圈构件，使显示图像明亮。如果成像模糊，则松开图 3-6 中的 1 号螺丝，通过旋转光圈构件，使显示图像清晰。

图 3-6　光圈与焦距调整

任务二　机器视觉系统的软件设置

3.2.1　机器视觉系统操作界面的介绍

机器视觉系统操作界面如图 3-7 所示。

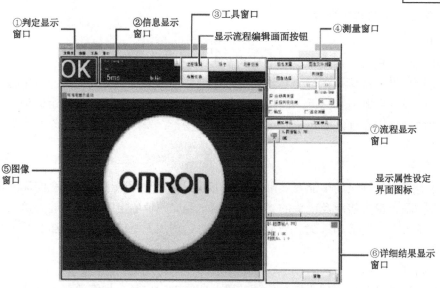

图 3-7　机器视觉系统操作界面

1．判定显示窗口

判定显示窗口用于显示场景的综合判定结果（OK/NG）。在场景的综合判定显示的处理单元群中，如果任一判定结果为NG，那么判定显示窗口就显示为NG。

2．信息显示窗口

信息显示窗口包含布局、处理时间、场景组名称、场景名称。

布局：显示当前显示的布局的编号。

处理时间：显示处理所花费的时间。

场景组名称、场景名称：分别显示当前显示中的场景组编号、场景编号。

3．工具窗口

工具窗口包含"流程编辑"按钮、"保存"按钮、"场景切换"按钮、"布局切换"按钮。

"流程编辑"按钮：启动用于设定测量流程的流程编辑画面。

"保存"按钮：用于将设定数据保存到控制器的闪存中。变更任意设定后，请务必单击此按钮，保存设定。

"场景切换"按钮：用于切换场景组或场景。可以使用128（场景数）×32（场景组数）=4096个场景。

"布局切换"按钮：用于切换布局编号。

4．测量窗口

测量窗口包含"相机测量"按钮、"图像文件测量"按钮、"输出"复选框、"连续测量"复选框。

"相机测量"按钮：对相机图像进行试测量。

"图像文件测量"按钮：测量保存图像。

"输出"复选框：如果需将调整画面中的试测量结果输出到外部，则勾选该复选框。若不需要将调整画面中的试测量结果输出到外部，仅进行传感器控制器单独的试测量，则应取消该复选框的勾选。这个设置用于在显示主画面时临时变更设定。切换场景或布局后，将不保存测量窗口中设定为"输出"的内容，而是应用布局中设定为"输出"的内容。请根据具体用途使用。

"连续测量"复选框：如果在调整画面中需要进行连续试测量，则勾选该复选框。勾选"连续测量"复选框并单击"测量"后，将连续重复执行试测量。

5．图像窗口

图像窗口用于显示已测量的图像及选中的处理单元名。单击处理单元名左侧的图标，可显示图像窗口的属性设定界面。

6．详细结果显示窗口

详细结果显示窗口用于显示试测量结果。

7．流程显示窗口

流程显示窗口用于显示测量处理的内容。单击各处理项目的图标，将显示处理项目的参数等属性设定界面。

3.2.2 场景及场景组的编辑

1. 场景

针对不同的测量对象和测量内容，可设置相应的处理项目。根据测量结果，对这些处理项目进行适当组合并执行，便能进行符合目的的测量。上述处理项目的组合称为"场景"。

可以制作多个场景，如果为每个测量对象预先设置好场景，那么在实际的应用过程中，只需根据测量对象切换对应的场景，即可顺利完成测量工作。场景编辑与单元编辑如图 3-8 所示。

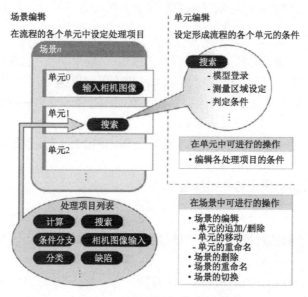

图 3-8　场景编辑与单元编辑

2. 场景组

以 128 个场景为单位集合而成的处理流程称为场景组。如果要增加场景数量或对多个场景按照各自的类别进行管理，那么制作场景组可使操作变得非常方便。场景与场景组的关系如图 3-9 所示。在一个场景组中可以创建 128 个不同的场景，方便管理。

一个机器视觉系统中最多可以设置 32 个场景组，即可以使用 128×32=4096 个场景。

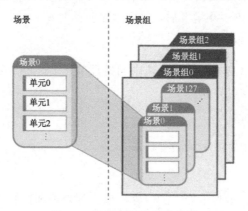

图 3-9　场景与场景组的关系

3．场景组及场景管理

进入主界面，执行"功能"→"场景管理"命令，如图 3-10 所示，进入"场景管理"界面。

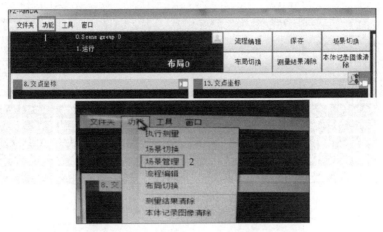

图 3-10　执行"功能"→"场景管理"命令

（1）复制场景组的操作步骤如下（见图 3-11）。

① 单击"编辑"按钮，打开"场景组管理"对话框，选中待增加的场景组。

② 单击"复制"按钮。

③ 选中空的场景组。

④ 单击"粘贴"按钮。

⑤ 单击"关闭"按钮。

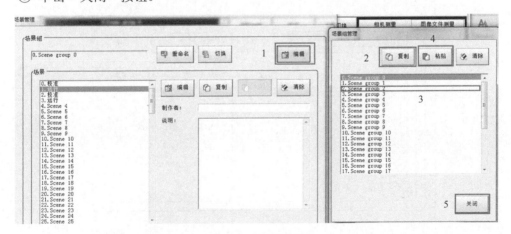

图 3-11　复制场景组

（2）修改场景组名称的操作步骤如下（见图 3-12）。

① 单击"重命名"按钮。

② 单击"场景组名称"文本框右侧的按钮，打开键盘。

③ 通过键盘在"场景组名称"文本框中输入场景组名称。

④ 单击"确定"按钮。

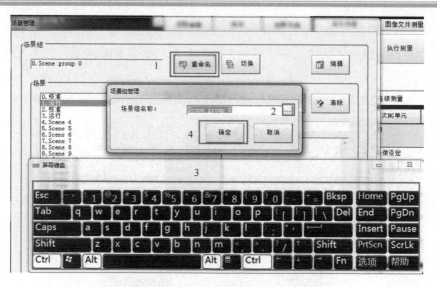

图 3-12　修改场景组名称

（3）复制场景的操作步骤如下（见图 3-13）。

① 选中需复制的场景。

② 单击"复制"按钮。

③ 选中空的场景。

④ 单击"粘贴"按钮。

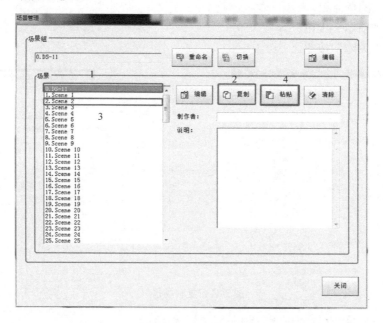

图 3-13　复制场景

（4）修改场景名称的操作步骤如下（见图 3-14）。

① 单击"编辑"按钮。

② 在"场景管理"对话框中，单击"场景名称"文本框右侧的按钮，打开键盘。

③ 通过键盘在"场景名称"文本框中输入场景名称。

④ 单击"确定"按钮。

⑤ 单击"关闭"按钮。

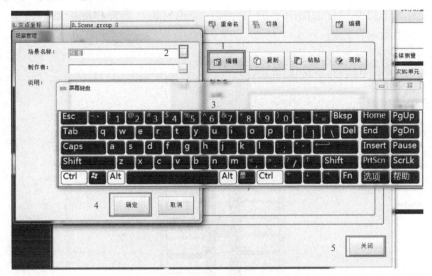

图 3-14　修改场景名称

（5）手动切换场景组或场景的操作步骤如下（见图 3-15）。

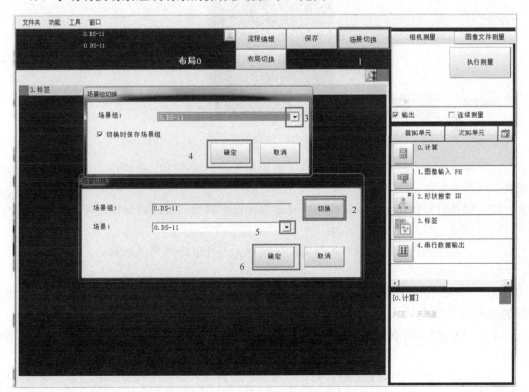

图 3-15　手动切换场景组或场景

① 在主界面中，单击"场景切换"按钮。

② 在弹出的"场景切换"对话框中单击"切换"按钮。

③ 在"场景组切换"对话框中单击"场景组"下拉列表，选择相应场景组。

④ 单击"确定"按钮。

⑤ 在"场景切换"对话框中单击"场景"下拉列表，选择相应场景。

⑥ 单击"确定"按钮。

3.2.3 场景的常用流程设计

1. 流程编辑界面

流程编辑界面如图 3-16 所示。

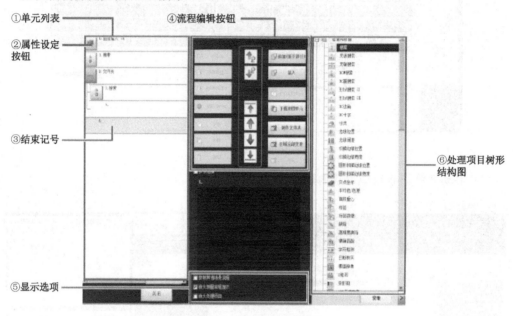

图 3-16　流程编辑界面

（1）单元列表：用于显示构成流程的处理单元。通过在单元列表中追加处理项目，可以制作场景的流程。

（2）属性设定按钮：单击该按钮将显示属性设定界面，进而对属性进行详细设置。

（3）结束记号：表示流程结束。

（4）流程编辑按钮：可以对场景内的处理单元进行重新排列或删除。

（5）显示选项：

① "参照其他场景流程"复选框，勾选该复选框，该场景流程将参照同一场景组内的其他场景流程。

② "放大测量流程显示"复选框，勾选该复选框，将以大图标形式显示单元列表中的流程。

③ "放大处理项目"复选框，勾选该复选框，将以大图标形式显示处理项目树形结构图中的内容。

（6）处理项目树形结构图：用于选择追加到流程中的处理项目的区域。处理项目按类别以树形结构图形式显示。单击各项目对应的"+"，可显示下一层项目；单击各项目对应的"-",将收起所显示的下层项目。

注:勾选"参照其他场景流程"复选框,将显示场景框和其他场景流程。

2. 视觉检测流程搭建

视觉检测流程搭建步骤如下(见图3-17)。

① 在主界面中,单击"流程编辑"按钮。

② 进入测试流程搭建界面,从右侧处理项目树形结构图中,选中需要添加的处理项目,单击"追加"按钮,该项目即可被添加至左侧单元列表中。

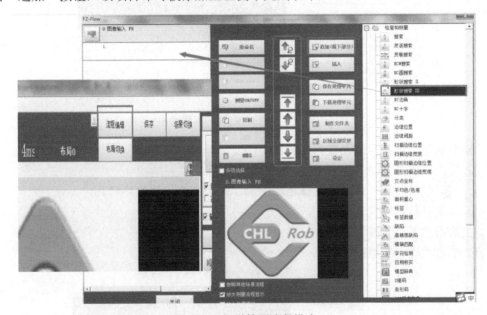

图3-17 视觉检测流程搭建

实例:形状搜索 III

在主界面中单击"1. 形状搜索 III"选项(见图3-18),进入形状搜索 III 的编辑界面,如图3-19所示。

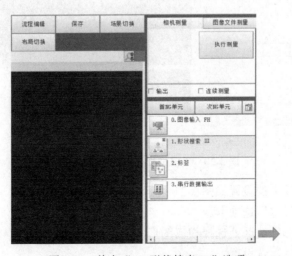

图3-18 单击"1. 形状搜索 III"选项

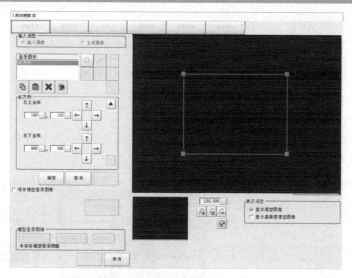

图 3-19　形状搜索 III 的编辑界面

"模型登录"选项卡的设置如图 3-20 所示。

① 单击"模型登录"选项卡。

② 在"登录图形"选区处选择相应图形，选中需要识别的物料。

③ 其余参数使用默认设置。

④ 单击"适用"按钮。

⑤ 单击"确定"按钮。

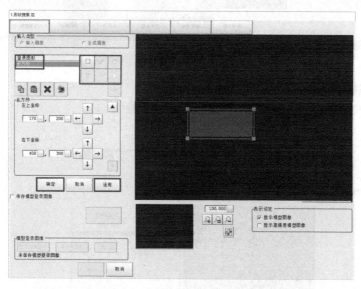

图 3-20　"模型登录"选项卡的设置

"区域设定"选项卡的设置如图 3-21 所示。

① 单击"区域设定"选项卡。

② 在"登录图形"选区处选择相应图形（此处选择的是长方形）。

③ 其余参数使用默认设置。

④ 单击"适用"按钮。

⑤ 单击"确定"按钮。

注："登录图形"选项用于设定智能相机将要搜索的画幅区域，需根据具体情况调整大小。

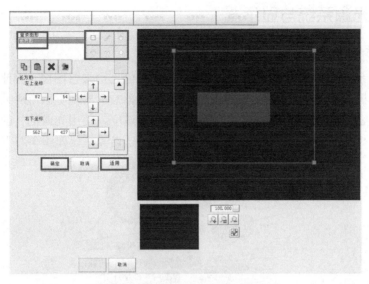

图 3-21 "区域设定"选项卡的设置

"检测点"选项卡与"基准设定"选项卡使用默认设置。"测量参数"选项卡的设置如图 3-22 所示。

① 单击"测量参数"选项卡。

② 将相似度设置为 90～100。

③ 其余参数使用默认值。

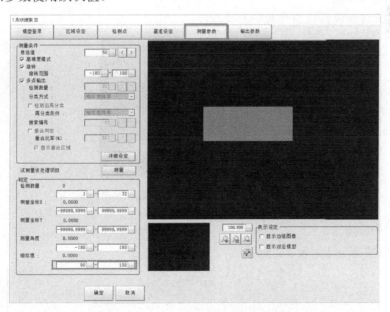

图 3-22 "测量参数"选项卡的设置

任务三 机器视觉辅助系统

3.3.1 光源系统与显示器

1. 光源系统

机器视觉系统的核心是图像的采集和处理，所有信息均来自图像，因此图像本身的质量是影响整个机器视觉系统优劣的关键因素。光源是影响机器视觉系统所采集图像的水平的重要因素，它直接影响输入数据的质量，即精度和速度。使用光源的目的是尽量明显地区分被测物体与背景，获得高品质、高对比度的图像。光源系统如图 3-23 所示。

图 3-23 光源系统

机台上光源系统的调试方法如下（见图 3-24）。

① 连接电源线和光源输出线。

② 接通电源。

③ 打开电源开关。

④ 通过旋转变位器调整光源的光亮程度。

图 3-24 光源系统的调试

2. 显示器

显示器各按键功能如表 3-2 所示。

表 3-2　显示器各按键功能

序号	功能
1	电源信号灯
2	开/关机按键
3	信号源切换按键
4	系统参数设置
5	方向键 1
6	方向键 2

按下信号源切换按键，将出现如图 3-25 所示界面。按下信号源切换按键，可以实现黄色光标从左至右移动，将黄色光标移至"PC"图标处，即可正常显示机器视觉系统操作画面。

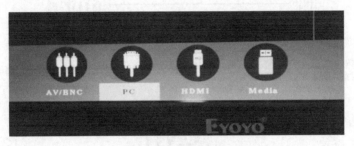

图 3-25　信号源界面

3.3.2　机器视觉系统与工业机器人的通信

1. 欧姆龙 FH-L550 系统通信方式

1）并行通信

通过组合多个实际接点的 ON/OFF 信号，可实现外部装置和传感器控制器之间的数据交换。

2）PLC LINK

PLC LINK 是欧姆龙图像传感器的通信协议，它将保存着控制信号、命令/响应、测量数据的区域分配到 PLC 的 I/O 存储器中，通过周期性地共享数据，实现 PLC 和图像传感器之间的数据交换。

3）EtherNet/IP

EtherNet/IP 是开放式通信协议，在与传感器控制器通信时，使用标签数据链路。在 PLC 上创建与控制信号、命令/响应、测量数据对应的结构型变量，并将其作为标签，在标签数据链路中进行输入、输出，进而实现 PLC 和传感器控制器的数据交换。

4）EtherCAT（仅 FH）

EtherCAT 是开放式通信协议，在与传感器控制器通信时，使用 PDO（过程数据）通信。PLC 事先准备好与控制信号、命令/响应、测量数据对应的 I/O 端口，并根据分配到这些端口的变量，进行 PDO 通信的输入、输出，进而实现 PLC 和传感器控制器之间的数据交换。

5）无协议通信

无协议通信即不使用特定的协议，向传感器控制器发行命令帧，然后从传感器控制器接收响应帧。通过收发 ASCII 格式或二进制格式的数据，实现 PLC、PC 等外部装置与传感器控制器之间的数据交换。

2. 机器视觉系统通信工作流程

机器视觉系统与 PLC 或工业机器人等外部装置连接，外部装置输入测量命令后，传感器控制器对相机所拍摄的对象进行测量处理，然后向外部装置输出测量结果，如图 3-26 所示。

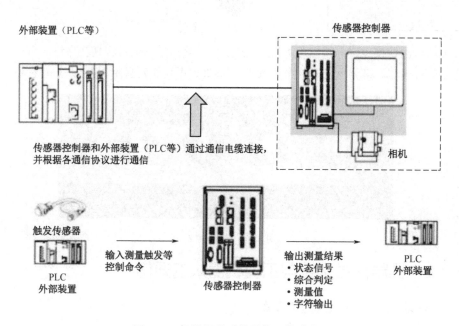

图 3-26　机器视觉系统通信工作流程

1）机器视觉系统 IP 的设定

机器视觉系统 IP 的设定流程如下。

① 首先将视觉控制器与上位机进行网线连接。

② 返回主界面，执行"工具"→"系统设置"命令，如图 3-27 所示。

图 3-27　执行"工具"→"系统设置"命令

③ 打开"系统设置"对话框，如图 3-28 所示。

④ 单击"启动设定"选项。

⑤ 单击"通信模块"选项卡。

⑥ 在"通信模块选择"选区中设置需要进行通信的通信模块。

⑦ 设置完成后，单击"适用"按钮，再单击"关闭"按钮。

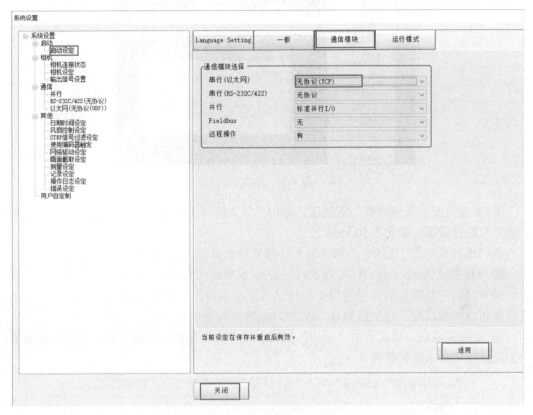

图 3-28 "系统设置"对话框

根据与传感器控制器连接的通信形态和目标连接单元，在"通信模块选择"选区中选择表 3-3 中的任一通信模块，并单击"适用"按钮。

表 3-3 通信模块种类及其内容

通信模块种类	内容
串行（以太网）	通过以太网进行无协议通信时选择本选项
无协议（UDP）	通过 UDP 通信方式与外部装置进行通信时选择本选项
无协议（TCP）	通过 TCP 通信方式与外部装置进行通信时选择本选项
无协议（TCP Client）	通过 TCP 客户端通信方式与外部装置进行通信时选择本选项
无协议（UDP）（Fxxx 系列方式）	通过 UDP 通信方式及 Fxxx 系列方式与外部装置进行通信时选择本选项
串行（RS-232C/422）	通过 RS-232C/422 进行无协议通信时选择本选项
无协议	通过 RS-232C/422 进行通信时选择本选项
无协议（Fxxx 系列方式）	通过 Fxxx 系列方式与外部装置进行通信时选择本选项

⑧ 返回主界面，依次单击"保存"按钮→"确定"按钮→"功能"选项卡→"系统重启"选项（见图 3-29），等待机器视觉系统重启完成。

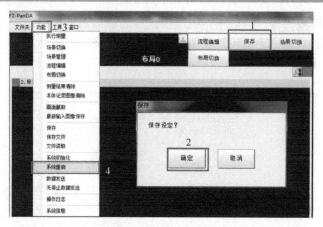

图 3-29　保存设定

⑨ 重新打开"系统设置"对话框，选中"以太网（无协议（TCP））"选项对 IP 地址和端口号进行设置，如图 3-30 所示。

在"地址设定 2"选区中，填入输入传感器控制器的 IP 地址。

IP 地址格式为 a.b.c.d，其中，a 为 1～223；b 为 0～255；c 为 0～255；d 为 2～254。

输入端口号与输出端口号是用于与传感器控制器进行数据传输的端口编号，请设为与主机侧相同的端口号，设定值为 0～65535。子网掩码是系统自动生成的。

⑩ 设置完成后，依次单击"适用"按钮→"关闭"按钮，关闭界面。返回主界面后，一定要进行保存系统参数操作。

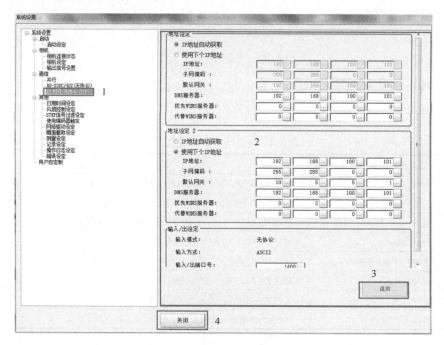

图 3-30　设置 IP 地址和端口号

2）FH 系列默认系统通信代码实例

触发机器视觉系统运行实例。

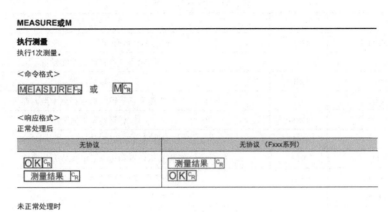

切换场景组实例。

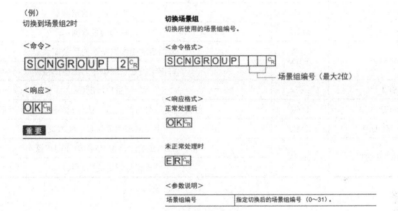

切换场景实例。

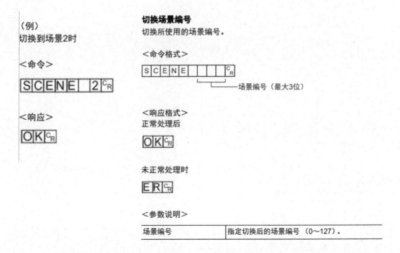

部分命令功能如表 3-4 所示。

表 3-4　部分命令功能

命令	缩写	功能
BRUNCHSTART	BFU	分支到流程最前面（0 号处理单元）
CLRMEAS	—	清除当前所有场景的测量值
CPYSCENE	CSD	复制场景数据
DATASAVE	—	将系统和场景组数据保存到本地内存
DELSCENE	DSD	删除场景数据
ECHO	EEC	按原样返回外部机器发送的任意字符串
IMAGEFIT	EIF	将显示位置和显示倍率恢复为初始值
IMAGESCROLL	EIS	按指定的移动量平行移动图像显示位置
IMAGEZOOM	EIZ	按指定的倍率放大/缩小显示图像
MEASURE	M	执行 1 次测量
		开始连续测量
		结束连续测量
MEASEREUNIT	MTU	执行指定单元的试测量
MOVSCENE	MSD	移动场景数据
REGIMAGE	RID	将指定的图像数据作为登录图像登录
		将指定的登录图像作为测量图像读取
RESET	—	重启控制器
TIMER	TMR	经过指定的等待时间后，执行相应的命令字符串
UPDATEMODEL	UMD	用当前图像重新登录模型数据
USERACCOUNT	UAD	在指定的用户组 ID 中追加用户账户
		删除指定的用户账户

项目四　工业机器人工作站与分拣系统集成

思维导图

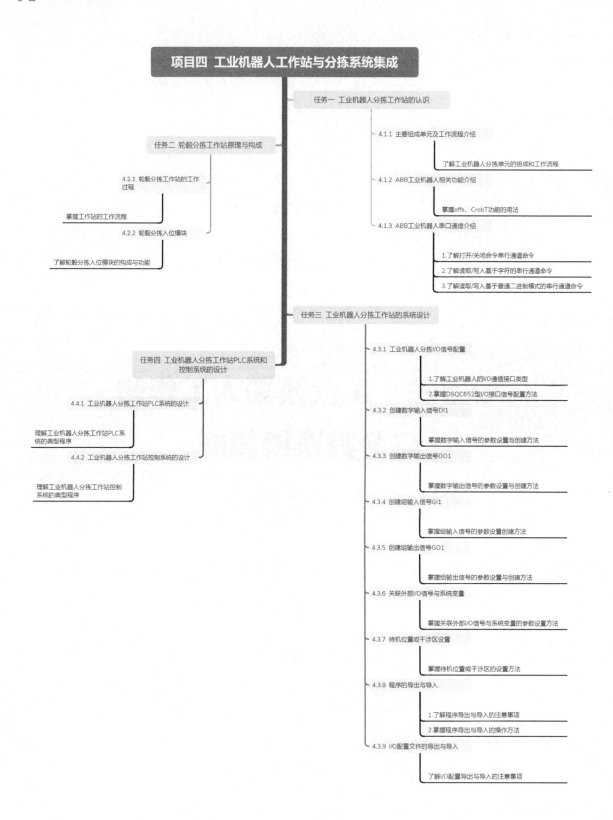

项目四 工业机器人工作站与分拣系统集成

任务一 工业机器人分拣工作站的认识

4.1.1 主要组成单元及工作流程介绍

了解工业机器人分拣单元的组成和工作流程

4.1.2 ABB工业机器人相关功能介绍

掌握offs、CRobT功能的用法

4.1.3 ABB工业机器人串口通信介绍

1.了解打开/关闭命令串行通道命令

2.了解读取/写入基于字符的串行通道命令

3.了解读取/写入基于普通二进制模式的串行通道命令

任务二 轮毂分拣工作站原理与构成

4.2.1 轮毂分拣工作站的工作过程

掌握工作站的工作流程

4.2.2 轮毂分拣入位模块

了解轮毂分拣入位模块的构成与功能

任务三 工业机器人分拣工作站的系统设计

4.3.1 工业机器人分拣I/O信号配置

1.了解工业机器人的I/O通信接口类型

2.掌握DSQC652型I/O接口信号配置方法

4.3.2 创建数字输入信号DI1

掌握数字输入信号的参数设置与创建方法

4.3.3 创建数字输出信号DO1

掌握数字输出信号的参数设置与创建方法

4.3.4 创建组输入信号GI1

掌握组输入信号的参数设置创建方法

4.3.5 创建组输出信号GO1

掌握组输出信号的参数设置与创建方法

4.3.6 关联外部I/O信号与系统变量

掌握关联外部I/O信号与系统变量的参数设置方法

4.3.7 待机位置或干涉区设置

掌握待机位置或干涉区的设置方法

4.3.8 程序的导出与导入

1.了解程序导出与导入的注意事项

2.掌握程序导出与导入的操作方法

4.3.9 I/O配置文件的导出与导入

了解I/O配置导出与导入的注意事项

任务四 工业机器人分拣工作站PLC系统和控制系统的设计

4.4.1 工业机器人分拣工作站PLC系统的设计

理解工业机器人分拣工作站PLC系统的典型程序

4.4.2 工业机器人分拣工作站控制系统的设计

理解工业机器人分拣工作站控制系统的典型程序

任务一　工业机器人分拣工作站的认识

4.1.1　主要组成单元及工作流程介绍

分拣单元是 CHL-DS-11 智能制造单元系统集成应用平台的功能单元，可根据程序实现对不同零件的分拣动作，由传输带、分拣机构、分拣工位、远程 I/O 模块、工作台等组件构成，如图 4-1 所示。分拣单元各组成部分的参数规格如表 4-1 所示。

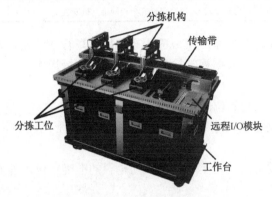

图 4-1　分拣单元

表 4-1　分拣单元各组成部分的参数规格

名称	参数规格	数量	备注
传输带	宽度为 125mm，有效长度为 1250mm； 调速电机驱动，功率为 120W，单相 220V 供电，配套 1∶18 减速比减速器，减速器由变频器驱动； 传输带起始端配有传感器，用于检测当前位置是否有零件	1	—
分拣机构	分拣机构配有传感器，用于检测当前分拣机构前是否有零件； 利用垂直气缸可实现阻挡片升降，将零件拦截在指定分拣机构前； 利用推动气缸可将零件推入指定分拣工位	3	—
分拣工位	分拣工位末端配有传感器，用于检测当前分拣工位是否有零件； 分拣工位末端为 V 形顶块，可配合顶紧气缸精确定位零件； 每个分拣工位均有标号	3	—
远程 I/O 模块	支持 ProfiNet 总线通信； 最多支持 32 个适配 I/O 模块； 最大传输距离为 100m（站与站的距离），最大总线速率为 100Mbit/s； 附带数字量输入模块为 3 个，单模块为 8 通道，输入信号类型为 PNP，输入电流典型值为 3mA，隔离耐压为 500V，隔离方式为光耦隔离； 附带数字量输出模块为 2 个，单模块为 8 通道，输出信号类型为源型，驱动能力为 500mA/通道，隔离耐压为 500V，隔离方式为光耦隔离； 在工作台台面上布有远程 I/O 适配器的网络通信接口，方便接线	1	具备基于 ProfiNet 的远程 I/O 模块

续表

名称	参数规格	数量	备注
工作台	铝合金型材结构，工作台式设计，台面可安装功能模块，底部柜体内可安装电气设备； 台面长为 1360mm，宽为 680mm，厚为 20mm； 底部柜体长为 1280mm，宽为 600mm，高为 700mm； 底部柜体四角安装有脚轮，轮片直径为 50mm，轮片宽度为 25mm，可调高度为 10mm； 工作台台面上布置着合理的线槽，方便控制信号线和气路布线，且电、气分开； 底部柜体上端和下端四周安装着线槽，可方便电源线、气管和通信线布线； 底部柜体门板为快捷可拆卸设计，每个门板完全相同可互换安装	1	—

CHL-DS-11 智能制造单元系统集成应用平台以汽车行业的轮毂为产品对象，通过 PLC、工业机器人进行编程调试，根据视觉检测结果对轮毂进行操作，实现轮毂分拣入位，具体流程如下。

（1）传输带将放置在起始位的轮毂传输到分拣机构。

（2）分拣机构根据程序要求在不同位置拦截传输带上的轮毂，并将其推入指定分拣工位。

（3）分拣工位通过定位机构实现对滑入的轮毂的准确定位，并通过传感器检测当前工位是否有轮毂。

（4）分拣单元共有 3 个分拣工位，每个工位通过重复上述操作，实现零件入位，如图 4-2 所示。

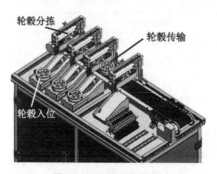

图 4-2　轮毂分拣入位

4.1.2　ABB 工业机器人相关功能介绍

分拣单元在应用过程中涉及诸多位置的选择和标定。ABB 工业机器人的 RAPID 模块的功能类似于指令，在执行完以后可以返回一个数值，极大地方便了分拣入位过程中的位置选择和标定，有效地提高了编程效率和程序执行效率。

1. offs 偏移功能

offs 偏移功能是以已选定的目标点为基准，将 TCP 沿着选定的工件坐标系的 X 轴、Y 轴、Z 轴方向偏移一定距离。例如：

```
MoveJ offs (p20, 0, 20, 0) v100, z50, tool1 \ WObj: =wobj1;
```

上述语句的功能是以 p20 为基准点,将工业机器人的 TCP 移至沿着 wobj1 工件坐标系的 Y 轴的正方向偏移 20mm 的位置点。

2. CrobT 功能

CrobT 功能是令工业机器人读取当前目标点的位置数据。例如:

```
PERS robtarget p20;
P20: =CrobT ( \ tool: =tool1 \ Wobj: =wobj1);
```

上述语句的功能是读取当前工业机器人目标点的位置数据,指定的工具坐标系数据为 tool1,工件坐标系数据为 wobj1,并将读取的目标点数据赋值给 p20。

4.1.3 ABB 工业机器人串口通信介绍

1. RAPID 串行通道命令

(1)打开/关闭串行通道命令说明如表 4-2 所示。

表 4-2 打开/关闭串行通道命令说明

指令	说明
Open	打开串行通道,以便进行读取/写入操作
Close	关闭串行通道
ClearOBuff	清除串行通道的输入缓存

(2)读取/写入基于字符的串行通道命令说明如表 4-3 所示。

表 4-3 读取/写入基于字符的串行通道命令说明

指令	说明
Write	进行写文本操作
ReadNum	进行读取数值操作
ReadStr	进行读取文本串操作
WriteStrBin	进行写字符操作

(3)读取/写入基于普通二进制模式的串行通道命令说明如表 4-4 所示。

表 4-4 读取/写入基于普通二进制模式的串行通道命令说明

指令	说明
WriteBin	写入一个二进制串行通道
WriteStrBin	将字符串写入一个二进制串行通道
WriteAnyBin	写入任意一个二进制串行通道
ReadBin	读取二进制串行通道的信息
ReadStrBin	从一个二进制串行通道中读取一个字符串
ReadAnyBin	读取任意一个二进制串行通道的信息

图 4-3 展示了一段二进制串口通信程序,每条指令都有详细解释。

```
1    MODULE TEST1
2       VAR iodev ComChannel;              !串行通信数据
3       VAR string Count;                  !字符型数据,用于接收上位机指令
4    !**********************
5       PROC main()
6          Open "com1:", ComChannel \Append\Bin;   !打开"com1"并连接到 ComChannel(二进制)
7          ClearIOBuff ComChannel;         !清除串口缓存
8          WriteStrBin ComChannel,"OK";    !将字符串"OK"写入一个二进制串行通道
9    !**********************
10         WHILE TRUE DO
11             Count:=ReadStrbin(ComChannel,2);  !从二进制串行通道接收数据,并将其保存至Count
12             IF Count="AA" THEN          !如果接收的数据等于"AA",则工业机器人执行A_main子程序
13                 A_main;
14             ENDIF
15             IF Count="BB" THEN          !如果接收的数据等于"BB",则工业机器人执行B_main子程序
16                 B_main;
17             ENDIF
18         ENDWHILE
19    !**********************
20      ENDPROC
```

图 4-3 串口通信程序

2. ABB 工业机器人串口常见故障与分析

（1）串口收发没有数据：可用万用表检查串口线缆的连接是否存在断线现象。

（2）串口收发有数据，但格式和长度不正确：可检查连接设备的两边串口的设置是否一致。

常用的 PC 调试软件有串口调试助手、串口跟踪软件等。

任务二　轮毂分拣工作站原理与构成

4.2.1　轮毂分拣工作站的工作过程

轮毂分拣入位工作流程图如图 4-4 所示。在轮毂分拣入位前，执行单元中的工业机器人恢复为安全姿态，工业机器人带有需要分拣入位的轮毂零件；执行单元利用滑台平移至分拣单元操作位置；工业机器人将轮毂零件放置到分拣单元传输带的起始端；传输带将轮毂传输至分拣机构；轮毂触发传输带传感器，相应分拣机构的升降气缸降下阻拦挡板；轮毂触发分拣机构内的传感器，传输带停止运动；分拣机构升起气缸并将轮毂推入相应分拣道口；分拣机构升起气缸并利用缩回机构推出气缸，进而将轮毂顶紧；等待一段时间（一般情况下为 0.5s）后，定位气缸缩回，完成轮毂零件的分拣入位。

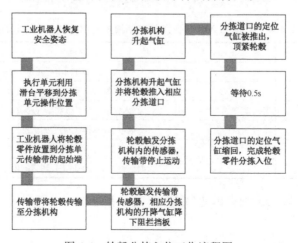

图 4-4 轮毂分拣入位工作流程图

4.2.2　轮毂分拣入位模块

轮毂分拣入位模块由 ABB 六自由度串行关节工业机器人、伺服模组、PLC、远程 I/O 模块，以及真空压力表、真空发生器等配件组成。一般根据轮毂编号大小选择相应的分拣道口，根据由大到小或由小到大的顺序选择道口数。

滑台运动模块是轮毂分拣工作站的主要执行模块，由于工业机器人臂长有限，为了满足工作台运行需求，单独为该模块增加了 PLC 和伺服模组。将工业机器人安装在伺服模组的滑台上，通过滑台的移动来弥补工业机器人臂长有限的缺陷。

为了方便记录滑台运动的位置，工作台不仅装配了刻度尺，还简化了滑台运动方式。在分拣工作站中主要由工业机器人控制滑台的运动，当需要滑台移动时，工业机器人只需告知 PLC 滑台需要移动的距离和速度，滑台就可以通过指定的速度移动到指定位置。但滑台到位后需将速度清零，避免发生意外。

工业机器人在参与分拣工作时，将轮毂放到传输带上后恢复安全姿态，由分拣单元进行分拣。

任务三　工业机器人分拣工作站的系统设计

4.3.1　工业机器人分拣 I/O 信号配置

ABB 工业机器人提供了丰富的 I/O 通信接口，可以轻松地与周边设备进行通信。

ABB 标准 I/O 板提供的常用信号处理有数字输入 DI、数字输出 DO、模拟输入 AI、模拟输出 AO，以及输送链跟踪。

ABB 工业机器人可以选配标准 ABB PLC，这不仅可以省去原来与外部 PLC 进行通信设置的麻烦，还可以在工业机器人的示教器上实现与 PLC 相关的操作。关于 ABB 工业机器人 I/O 通信接口的说明如表 4-5 所示。

表 4-5　ABB 工业机器人 I/O 通信接口的说明

序号	型号	说明
1	DSQC 651	分布式 I/O 模块 DI8、DO8、AO2
2	DSQC 652	分布式 I/O 模块 DI16、DO16
3	DSQC 653	分布式 I/O 模块 DI8、DO8 带继电器
4	DSQC 355	分布式 I/O 模块 AI4、AO4
5	DSQC 377	输送链跟踪单元

本次轮毂分拣入位的操作使用的是 DSQC 652 型 I/O 通信接口，所以本节主要讲述 DSQC 652 型 I/O 通信接口的具体信号配置，具体操作过程如下。

1）配置 DSQC 652

配置 DSQC 652 需要在示教器中对其进行参数设置，具体参数设置如表 4-6 所示。

表 4-6　DSQC 652 参数设置

使用来自模板的值	Name	Address
DSQC 652 24 VDC I/O Device	d652	10

　　ABB 标准 I/O 板都是放置在 DeviceNet 现场总线下的设备，通过 X5 端口与 DeviceNet 现场总线进行通信。

　　配置 DSQC 652 的具体步骤如下。

　　（1）执行"主菜单"→"控制面板"→"配置"→"I/O System"→"DeviceNet Device"→"添加"命令，在弹出的界内添加"d652"设备，如图 4-5 所示。

图 4-5　添加通信设备

　　（2）单击"使用来自模板的值"下拉菜单，选择"DSQC 652 24 VDC I/O Device"选项，如图 4-6 所示。

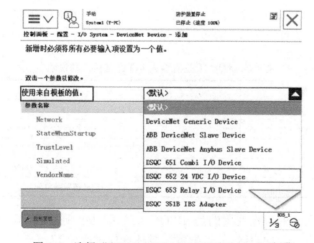

图 4-6　选择"DSQC 652 24 VDC I/O Device"选项

　　（3）单击向下按钮，将"参数名称"列表框中的"Address"的值修改成为"10"；单击"确定"按钮，如图 4-7 所示，在"重新启动"提示框中单击"是"按钮，完成配置。

图 4-7　配置 DSQC 652

2）配置 DSQC 652 的 I/O 信号

运行分拣单元程序需要配置 DSQC 652 的 I/O 信号，详细的配置内容如表 4-7 所示。

表 4-7　I/O 信号配置内容

Name	Type of Signal	Assigned to Unit	Invert Physical Value	Unit Mapping	说明
D652_in1	Digital Input	D652	On	0	电机上电
D652_in2	Digital Input	D652	On	1	程序复位并运行
D652_in3	Digital Input	D652	On	2	程序停止
D652_in4	Digital Input	D652	On	3	程序启动
D652_in5	Digital Input	D652	On	4	电机下电
D652_out6	Digital Output	D652	On	5	控制吸嘴吸气
D652_out9_red	Digital Output	D652	Yes	8	控制工业机器人急停信号灯
D652_out10_yellow	Digital Output	D652	Yes	9	控制工业机器人电机下电信号灯
D652_out11_green	Digital Output	D652	Yes	10	控制工业机器人电机上电信号灯

3）配置系统 I/O 与 I/O 信号的关联

在示教器中配置系统 I/O 与 I/O 信号的关联，具体的参数配置如表 4-8 所示。

表 4-8　系统 I/O 与 I/O 信号的关联的参数配置

Type	Signal Name	Action Status	说明
System Input	D652_in1	Motor On	电机上电
System Input	D652_in2	Start Main	主程序运行（初始化）
System Input	D652_in3	Start	程序启动
System Input	D652_in4	Stop	程序停止
System Input	D652_in5	Motor Off	电机下电
System Output	D652_out9_red	Emergency Stop	控制急停信号灯
System Output	D652_out10_yellow	Motor On State	控制上电信号灯
System Output	D652_out11_green	Motor Off State	控制下电信号灯

4.3.2 创建数字输入信号 DI1

创建数字输入信号 DI1，其具体参数设置如表 4-9 所示。

表 4-9 数字输入信号 DI1 参数设置

参数名称	设定值	说明
Name	DI1	设定数字输入信号的名称
Type of Signal	Digital Input	设定数字输入信号的类型
Assigned to Device	d652	设定数字输入信号所在的 I/O 模块
Device Mapping	1	设定数字输入信号所占用的地址
Invert Physical Value	NO	如果对数字输入信号取反，则选 Yes

具体操作过程如下所示。

（1）执行"主菜单"→"控制面板"→"配置"→"I/O System"→"Signal"→"添加"命令，在弹出的界面中（见图 4-8）通过双击来修改参数设置。

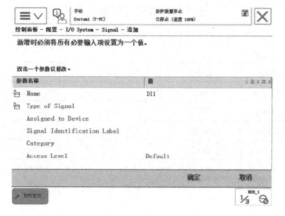

图 4-8 创建 DI1 信号

（2）设置完成后单击"确定"按钮，在弹出的"重新启动"提示框中单击"是"按钮，完成数字输入信号 DI1 的创建，如图 4-9 所示。

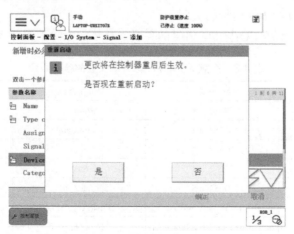

图 4-9 DI1 信号创建完成

4.3.3 创建数字输出信号 DO1

创建数字输出信号 DO1，具体参数设置如表 4-10 所示。其具体操作过程为执行"主菜单"→"控制面板"→"配置"→"I/O System"→"Signal"→"添加"命令，在弹出的界面内通过双击 DO1 相关参数来修改设置，如图 4-10 所示，设定完毕后单击"确定"按钮，在弹出的"重新启动"提示框中单击"是"按钮，即可完成数字输出信号 DO1 的创建。

表 4-10 数字输出信号 DO1 参数设置

参数名称	设定值	说明
Name	DO1	设定数字输出信号的名称
Type of Signal	Digital Output	设定数字输出信号的类型
Assigned to Device	d652	设定数字输出信号所在的 I/O 模块
Device Mapping	1	设定数字输出信号所占用的地址
Invert Physical Value	NO	如果对数字输出信号取反，则选 Yes

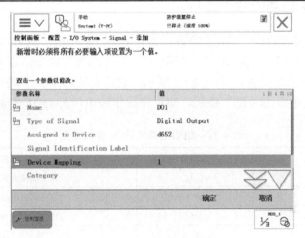

图 4-10 创建 DO1 信号

4.3.4 创建组输入信号 GI1

创建组输入信号 GI1，相关参数设置如表 4-11 所示。执行"主菜单"→"控制面板"→"配置"→"I/O System"→"Signal"→"添加"命令，在弹出的界面内通过双击 GI1 相关参数来修改设置，如图 4-11 所示，设定完毕后单击"确定"按钮，在弹出的"重新启动"提示框中单击"是"按钮，即可完成组输入信号 GI1 的创建。

表 4-11 组输入信号 GI1 参数设置

参数名称	设定值	说明
Name	GI1	设定组输入信号的名称
Type of Signal	Group Input	设定组输入信号的类型
Assigned to Device	d652	设定组输入信号所在的 I/O 模块
Device Mapping	1，2，4-3	设定组输入信号所占用的地址
Invert Physical Value	NO	如果对组输入信号取反，则选 Yes

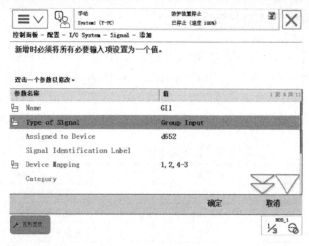

图 4-11　创建 GI1 信号

4.3.5　创建组输出信号 GO1

创建组输出信号 GO1，其相关参数设置如表 4-12 所示。执行"主菜单"→"控制面板"→"配置"→"I/O System"→"Signal"→"添加"命令，在弹出的界面内通过双击 GO1 相关参数来修改设置，如图 4-12 所示，设定完毕后单击"确定"按钮，在弹出的"重新启动"提示框中单击"是"按钮，即可完成组输出信号 GO1 的创建。

表 4-12　组输出信号 GO1 参数设置

参数名称	设定值	说明
Name	GO1	设定组输出信号的名称
Type of Signal	Group Output	设定组输出信号的类型
Assigned to Device	d652	设定组输出信号所在的 I/O 模块
Device Mapping	1，2，4-3	设定组输出信号所占用的地址
Invert Physical Value	NO	如果对信号取反，则选 Yes

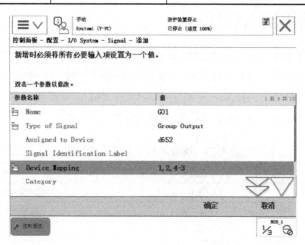

图 4-12　创建 GO1 信号

4.3.6　关联外部 I/O 信号与系统变量

外部 I/O 信号与系统变量的关联，以输入信号为例进行讲解。将 IN1 信号关联到"Motors on"，其相关参数设置如表 4-13 所示。执行"主菜单"→"控制面板"→"配置"→"I/O System"→"System Input"→"添加"命令，在弹出的界面内通过双击来对相关参数进行设置，如图 4-13（a）所示；设置完毕后单击"确定"按钮，在弹出的"重新启动"提示框中单击"是"按钮，即可完成外部 I/O 信号与系统变量的关联，如图 4-13（b）所示。依照此方法将 IN2 信号关联到 START。在 Motors on 与 START 配置完成后，工业机器人便可实现外部启动。

表 4-13　关联外部 I/O 信号与系统变量的参数设置

参数名称	设定值	说明
Signal Name	IN1	设定输入信号的名称
Action	Motors on	设定输入信号 IN1 有效时的动作

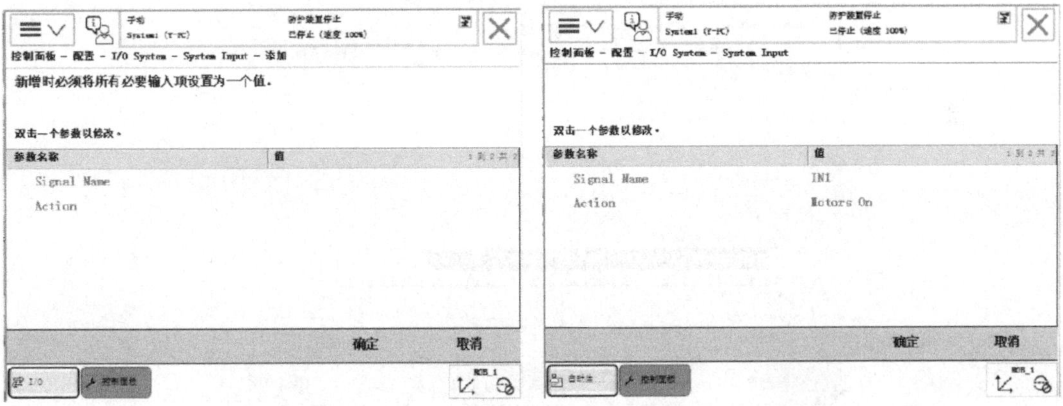

（a）参数设置　　　　　　　　　　　　（b）完成关联

图 4-13　IN1 与系统变量的关联

4.3.7　待机位置或干涉区设置

待机位置的输出端必须设置成只读模式（ReadOnly），大地坐标系监控的是当前 TCP 的坐标值。设置待机位置输出端为只读模式的具体操作过程如下。

（1）执行"主菜单"→"控制面板"→"配置"→"I/O System"→"Signal"→"添加"命令，将"Access Level"设置为"ReadOnly"，如图 4-14 所示，其他参数设置参照表 4-12 进行设置。

（2）创建名为 POWER_UP 的程序（此程序要在 Event Routine 中调用），如图 4-15 所示；执行"主菜单"→"控制面板"→"配置"→"Controller"命令，弹出如图 4-16 所示界面。

（3）在如图 4-16 所示界面中，单击"Event Routine"选项，在弹出的界面中设置相关参数，如图 4-17 所示。单击"确定"按钮，在弹出的"重新启动"提示框中单击"是"按钮。设置完毕后，工业机器人每次开机后都会调用一次 POWER_UP 程序，检测工业机器人的干涉区或工业机器人的待机位置，如果在设定范围内，便会输出。

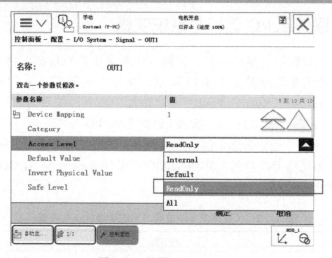

图 4-14　设置 Access Level

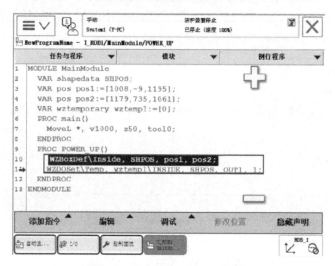

图 4-15　建立 POWER_UP 程序

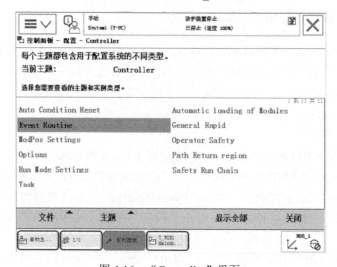

图 4-16　"Controller" 界面

图 4-17 设置"Event Routine"参数值

4.3.8 程序的导出与导入

程序文件可以导出到 USB 设备，应注意的是，路径中不能包含中文，具体操作过程如下。

（1）执行"主菜单"→"程序编辑器"命令，弹出如图 4-18 右侧图所示界面。

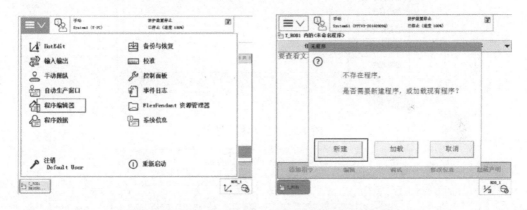

图 4-18 执行"主菜单"→"程序编辑器"命令

（2）单击"新建"按钮，在弹出的界面内可进行程序的编写，或者单击"加载"按钮直接打开一个已有程序，如图 4-19 所示。

（3）程序编写好后，可以将其导入或导出，在"任务与程序"界面中单击"文件"下拉列表，如图 4-20 所示。

（4）单击"加载程序"选项即可导入程序，单击"另存程序为"选项即可导出程序。单击界面中的▣按钮，可以修改程序的导出路径。设置完成后单击"确定"按钮，即可完成程序的导出。

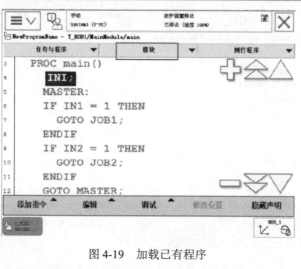

图 4-19　加载已有程序

图 4-20　程序导入/导出

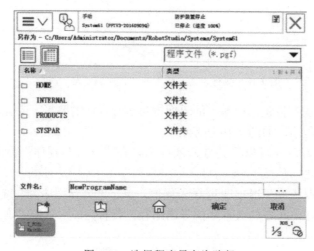

图 4-21　选择程序另存为路径

（5）将 U 盘插入示教器，单击 按钮，找到所插入的 U 盘，选择相应路径，如图 4-22 所示。

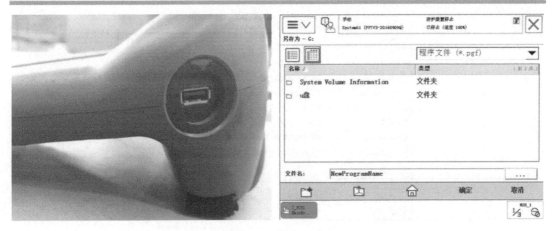

图 4-22 插入 U 盘

程序文件可以自行命名，此处文件名为"NewProgramName"，选中该选项，如图 4-23 所示，单击"确定"按钮，程序即可保存到 U 盘内。

LOST.DIR	2018/12/26 10:42	文件夹
Movies	2018/12/26 11:14	文件夹
Music	2018/12/26 11:14	文件夹
NewProgramName	2019/2/19 16:35	文件夹
Notifications	2018/12/26 11:14	文件夹
Pictures	2018/12/26 11:14	文件夹
Podcasts	2018/12/26 11:14	文件夹

图 4-23 选中"NewProgramName"选项

NewProgramName 文件夹下有两个文件，如图 4-24 所示。其中，MainModule 文件保存的是创建的程序，属于模块文件，值得注意的是，这样的模块文件可以有多个。NewProgramName.pgf 是导入文件，当利用 U 盘向机器导入文件时，就会显示该文件；值得说明的是，在导入该文件的同时会导入模块文件。

| MainModule | 2019/2/19 16:35 | RAPID 模块文件 | 1 KB |
| NewProgramName.pgf | 2019/2/19 16:35 | PGF 文件 | 1 KB |

图 4-24 NewProgramName 文件夹

4.3.9 I/O 配置文件的导出与导入

I/O 配置文件同样可以导入或导出工业机器人，路径中不能包含中文，具体操作过程如下所示。

（1）执行"主菜单"→"控制面板"→"配置"命令，如图 4-25 所示。

（2）在弹出的界面中，选择"I/O System"选项，单击"文件"下拉列表，如图 4-26 所示。选择"加载参数"选项即可导入 I/O 配置文件；选择"'EIO'另存为"选项即可导出 I/O 配置文件。

（3）此处选择"'EIO'另存为"选项，在弹出的界面中，选中需要导出的 I/O 配置文件，单击按钮，在弹出的界面中选择 I/O 配置文件的导出路径，如图 4-27 所示。设置完毕后单击"确定"按钮，即可完成 I/O 配置文件的导出。同理，可以完成 I/O 配置文件的导入过程。

图 4-25　"控制面板"界面

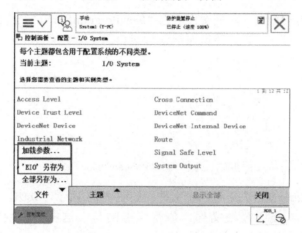

图 4-26　单击"文件"下拉列表

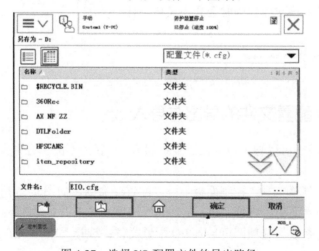

图 4-27　选择 I/O 配置文件的导出路径

任务四 工业机器人分拣工作站 PLC 系统 和控制系统的设计

4.4.1 工业机器人分拣工作站 PLC 系统的设计

随着 PLC 控制技术的发展和完善，以及 PLC 控制技术与网络信息化技术的完美结合，已经可以通过 PLC 控制技术实现对工业机器人系统的控制。通过 PLC 控制技术对工业机器人系统多轴运动操作进行协调控制，让生产过程的运动控制得到了有效实现。分拣入位单元中的轮毂分拣和入位操作同样也可以采用 PLC 控制系统来实现，具体的控制程序如下所示。

```
"R_TRIG_DB_9"(CLK:="工业机器人输入"=1);
IF "R_TRIG_DB_9".Q THEN
    #lc := 1;
END_IF;
CASE #lc OF
    1:
        IF "传输带检测" THEN
            IF "分拣道口检测2" AND "分拣道口检测1" THEN
                #lc := 8;
            ELSIF "分拣道口检测1" THEN
                #lc := 5;
            ELSE
                #lc := 2;
        END_IF;
    2:
        IF "工业机器人输入" = 4 THEN
            "分拣升降气缸1" := 1;
            "传输带启动" := 1;
        END_IF;
        IF "分拣检测1" THEN
            #lc := 3;
        END_IF;
    3:
        "传输带启动" := 0;
        "分拣推出气缸1" := 1;
        "IEC_Timer_0_DB_3".TON(IN:="分拣推出气缸1",
                        PT:=T#0.5s);
        IF "IEC_Timer_0_DB_3".Q THEN
            "定位气缸1" := 1;
        END_IF;
        IF "定位1" THEN
            #lc := 4;
        END_IF;
```

```
4:
    "分拣升降气缸1" := 0;
    "分拣推出气缸1" := 0;
    "定位气缸1" := 0;
    IF "定位气缸1" = 0 THEN
        #lc := 0;
    END_IF;
5:
    IF "工业机器人输入" = 4 THEN
        "分拣升降气缸2" := 1;
        "传输带启动" := 1;
    END_IF;
    IF "分拣检测2" THEN
        #lc := 6;
    END_IF;
6:
    "传输带启动" := 0;
    "分拣推出气缸2" := 1;
    "IEC_Timer_0_DB_3".TON(IN := "分拣推出气缸2",
                          PT := T#0.5s);
    IF "IEC_Timer_0_DB_3".Q THEN
        "定位气缸2" := 1;
    END_IF;
    IF "定位2" THEN
        #lc := 7;
    END_IF;
7:
    "分拣升降气缸2" := 0;
    "分拣推出气缸2" := 0;
    "定位气缸2" := 0;
    IF "定位气缸2" = 0 THEN
        #lc := 0;
    END_IF;
8:
    IF "工业机器人输入" = 4 THEN
        "分拣升降气缸3" := 1;
        "传输带启动" := 1;
    END_IF;
    IF "分拣检测3" THEN
        #lc := 9;
    END_IF;
9:
    "传输带启动" := 0;
    "分拣推出气缸3" := 1;
    "IEC_Timer_0_DB_3".TON(IN := "分拣推出气缸3",
                          PT := T#0.5s);
    IF "IEC_Timer_0_DB_3".Q THEN
        "定位气缸3" := 1;
    END_IF;
```

```
        IF "定位3" THEN
            #lc := 10;
        END_IF;
    10:
        "分拣升降气缸3" := 0;
        "分拣推出气缸3" := 0;
        "定位气缸3" := 0;
        IF "定位气缸3" = 0 THEN
            #lc := 0;
        END_IF;

END_CASE;
```

4.4.2　工业机器人分拣工作站控制系统的设计

轮毂在进行分拣入位操作前，需要操作工业机器人将轮毂放到分拣开始的传输带的起始位置，具体的控制程序如下所示。

```
PROC Rlastput()
    MoveAbsJ home\NoEOffs, v1000, fine, tool0;
    Rservo 300;
    MoveJ p330, v1000, fine, tool0;
    MoveJ p340, v1000, fine, tool0;
    MoveJ p350, v100, fine, tool0;
    Rado 2s;
    MoveL p340, v100, fine, tool0;
    MoveJ p330, v1000, fine, tool0;
    SetGO groupccd, 4;
    MoveAbsJ home\NoEOffs, v1000, fine, tool0;
    SetGO groupccd, 0;
EDNPROC
```

项目五 工业机器人工作站与数控系统集成

思维导图

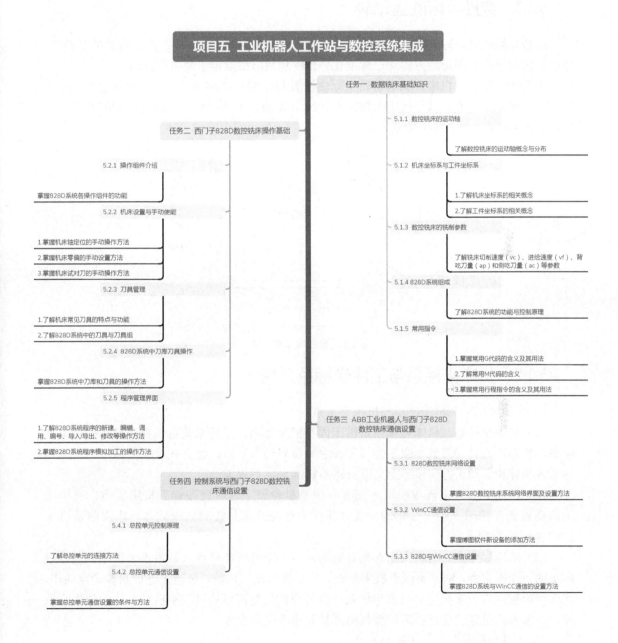

项目五 工业机器人工作站与数控系统集成

任务一 数据铣床基础知识

5.1.1 数控铣床的运动轴

了解数控铣床的运动轴概念与分布

5.1.2 机床坐标系与工件坐标系

1.了解机床坐标系的相关概念

2.了解工件坐标系的相关概念

5.1.3 数控铣床的铣削参数

了解铣床切削速度（vc）、进给速度（vf）、背吃刀量（ap）和侧吃刀量（ac）等参数

5.1.4 828D系统组成

了解828D系统的功能与控制原理

5.1.5 常用指令

1.掌握常用G代码的含义及其用法

2.了解常用M代码的含义

3.掌握常用行程指令的含义及其用法

任务二 西门子828D数控铣床操作基础

5.2.1 操作组件介绍

掌握828D系统各操作组件的功能

5.2.2 机床设置与手动使能

1.掌握机床轴定位的手动操作方法

2.掌握机床零偏的手动设置方法

3.掌握机床试对刀的手动操作方法

5.2.3 刀具管理

1.了解机床常见刀具的特点与功能

2.了解828D系统中的刀具与刀具组

5.2.4 828D系统中刀库刀具操作

掌握828D系统中刀库和刀具的操作方法

5.2.5 程序管理界面

1.了解828D系统程序的新建、编辑、调用、编号、导入/导出、修改等操作方法

2.掌握828D系统程序模拟加工的操作方法

任务三 ABB工业机器人与西门子828D数控铣床通信设置

5.3.1 828D数控铣床网络设置

掌握828D数控铣床系统网络界面及设置方法

5.3.2 WinCC通信设置

掌握博图软件新设备的添加方法

5.3.3 828D与WinCC通信设置

掌握828D系统与WinCC通信的设置方法

任务四 控制系统与西门子828D数控铣床通信设置

5.4.1 总控单元控制原理

了解总控单元的连接方法

5.4.2 总控单元通信设置

掌握总控单元通信设置的条件与方法

任务一　数据铣床基础知识

5.1.1　数控机床的运动轴

在数控编程时，为了描述机床的运动、简化程序编制的方法、保证记录数据的互换性，数控机床的坐标系和运动方向均已标准化，ISO 和我国都拟定了命名的标准。

在数控机床中，机床直线运动的坐标轴按照 ISO 841 和 JB 3051-82 标准规定为右手直角笛卡儿坐标系。通常以平行于主轴的坐标轴为 X 轴，X 轴平行于工件的主要装夹面且与 Y 轴和 Z 轴垂直，如图 5-1 所示。

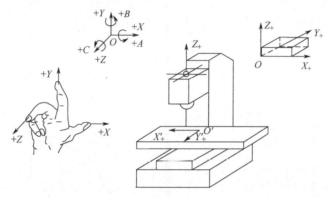

图 5-1　数控机床坐标系

5.1.2　机床坐标系与工件坐标系介绍

1）机床坐标系、机床原点与机床参考点

（1）机床坐标系。机床坐标系是机床固有的坐标系，是用来确定工件坐标系的基本坐标系，是确定刀具（刀架）或工件（工作台）位置的参考系，建立在机床原点上。机床坐标系各坐标和运动正方向按照上文所叙述的标准坐标系规定设定。

（2）机床原点。现代数控机床都有一个基准位置，该位置被称为机床原点，是机床制造商设置在机床上的一个物理位置，其作用是使机床与控制系统同步，建立测量机床运动坐标的起始点。

（3）机床参考点。与机床原点相对应的还有一个机床参考点，如图 5-2 所示，它是机床上的一个固定点，通常不同于机床原点。一般机床在工作前，必须先进行回参考点动作，即各坐标轴回零，才可建立机床坐标系。参考点的位置可以通过调整机械挡块的位置来改变，且参考点位置改变后必须重新精确测量并修改机床参数。

2）工件坐标系与工件坐标系原点

（1）工件坐标系，也称为编程坐标系/零偏坐标系，是编程人员在编程时设定的坐标系。

（2）工件坐标系原点（见图 5-3），也称为工件原点或编程原点，编程人员是以零件图上的某一固定点为原点建立工件坐标系的，编程尺寸均按工件坐标系的尺寸给定工件坐标系原点。

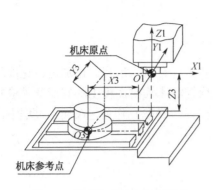

图 5-2 机床参考点与机床原点

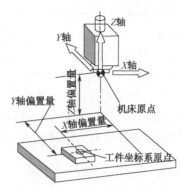

图 5-3 工件坐标系原点

3）机床坐标系与工件坐标系

（1）机床坐标系是由机床制造商确定的坐标系，是其他坐标系的参考依据。

（2）工件坐标系是参照机床坐标系建立的坐标系，一般将其作为编程参考坐标系，是让机床能找到工件的所在位置的基于机床坐标系而定义的坐标系，如图 5-4 所示。

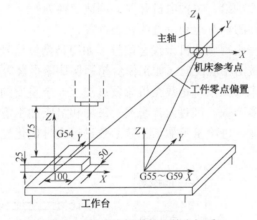

图 5-4 机床坐标系与工件坐标系

5.1.3 数控铣床的铣削参数

数控铣床的切削用量包括切削速度（v_c）、进给速度（v_f）、背吃刀量（a_p）和侧吃刀量（a_c）。切削用量的选择考虑的因素是刀具的耐用度，先确定背吃刀量与侧吃刀量，然后确定进给速度，最后确定切削速度。

1）吃刀量（a_p / a_c）

背吃刀量（a_p）为平行于铣刀轴线测量的切削层尺寸，单位为 mm，端铣时背吃刀量（a_p）为切削层深度，端铣背吃刀量主要由加工余量和对表面质量的要求决定。

侧吃刀量（a_c）为垂直于铣刀轴线测量的切削层尺寸，单位为 mm，端铣时侧吃刀量（a_c）为被加工表面宽度。

2）进给速度（v_f）

进给速度指单位时间内工件与铣刀沿进给方向的相对位移，单位为 mm/min，其值与铣刀转速（n）、铣刀齿数（Z）及每齿进给量（f_z，单位为 mm/z）有关，但是最大进给速度受设备刚度和进给系统性能等因素限制。

进给速度的计算公式为 $v_f = f_z \times Z \times n$。

3）主轴转速（s）

主轴转速没有定值，通常根据经验值及刀具和工件材料来选择。增加进给速度可以提高生产效率。在加工过程中，进给速度可以通过数控机床控制面板上的修调开关进行人工调整。数控机床的控制面板上一般备有主轴转速修调（倍率）开关，在加工过程中，可通过主轴转速修调开关对主轴转速进行整倍数调整。

5.1.4　828D 系统组成

早期的数控机床使用的数控装置是专用计算机，称为（普通）数控（NC）。随着计算机技术的发展，数控装置逐渐变为通用计算机，称为数控计算机（CNC）。CNC 是数控机床的控制中心，用于接收和处理输入信息，并将处理结果通过接口输出，从而对机床进行控制。CNC 由 CPU、存储器（EPROM、RAM）、定时器，以及中断控制器构成的微机基本系统和各种 I/O 接口组成。CNC 的主要功能如下：

（1）控制机床冷却液供给、主轴电机开停、调速及换刀等。

（2）控制刀具与工件的相对运动位置或轨迹位置。

（3）对系统运行过程中得到的机床状态信号（如刀具到位信号、工作台超程信号等）进行分析处理，使系统做出相应反应（如工作台超程保护器报警等）。

将计算机应用于机床数控系统是数控机床发展史上一个重要的里程碑。高性能的计算机数控系统可同时控制多个轴，可对刀具磨损、破损和机床加工震动等进行实时监测和处理，还可对机床主轴转速、进给量等加工工艺参数进行实时优化控制。主轴转速及其控制原理如图 5-5 所示。

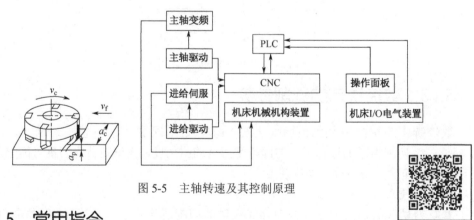

图 5-5　主轴转速及其控制原理

5.1.5　常用指令

1. G 代码编程

常用的 G 代码如下所示。

快速运行指令：G0；

直线插补指令：G1；

顺时针圆弧插补指令：G2；

逆时针圆弧插补指令：G3；

暂停指令：G4；

刀具半径补偿指令：G40、G41、G42、OFFN；

零点偏移指令：G54～G57 和 G505～G599；

加工平面指令：G17、G18、G19。

在一般情况下，被加工的工件轮廓是由直线、圆弧和螺旋线组成的。为了满足一般的加工要求，我们可以使用快速运行指令（G0）、直线插补指令（G1）、顺时针圆弧插补指令（G2）、逆时针圆弧插补指令（G3）。

1）快速运行指令 G0

快速运行指令用于刀具的快速定位、工件绕行、接近换刀点和退刀点等。在机床数据中，每一个轴的快速运行速度都是单独定义的。如果多个轴同时执行快速运行指令，那么轴的快速运行速度将由轨迹运行所需时间最长的轴来决定。

快速运行有两种模式，即线性插补与非线性插补。

（1）线性插补（RTLION），轨迹轴共同插补。

（2）非线性插补（RTLIOF），将每一个轨迹轴作为单轴进行插补。

快速运行指令的编程格式如下：

```
G0 X0 Y0 Z0        //快速移动目标位置（直角坐标系的坐标）
G0 AP              //快速移动目标位置（极坐标的极角）
G0 RP              //快速移动目标位置（极坐标的极半径）
RTLION             //线性插补
RTLIOF             //非线性插补
```

2）直线插补指令 G1

直线插补指令的功能是让刀具在与轴平行/倾斜的空间内或者空间内任意摆放的直线方向上运动。

直线插补指令的编程格式如下：

```
G1 X…Y…Z…F…       //直线插补直角坐标终点，进给速度
G1 AP=…RP=…F…     //直线插补极坐标终点，进给速度
```

刀具以进给速度从当前位置向编程终点位置运行。在加工工件时必须给出进给速度、主轴转速和主轴旋转方向 M3 和 M4。直线插补指令示例如图 5-6 所示。

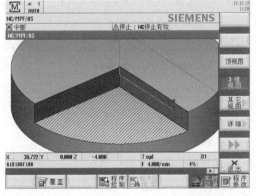
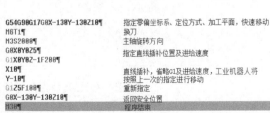

图 5-6　直线插补指令示例

3）圆弧插补指令 G2/G3

（1）已知圆心与圆弧终点的圆弧插补指令。

圆弧插补指令的功能是允许对整圆或者圆弧进行加工。利用已知圆心与圆弧终点加工圆弧时需要在编程时给出的参数有圆弧轨迹的终点坐标（X,Y,Z）和圆弧的圆心坐标（I,J,K）。

已知圆心与圆弧终点的圆弧插补指令的编程格式如下：

```
G2/G3  X…Y…Z…I…J…K…                    //增量式
G2/G3  X…Y…Z…I=AC(…)J=AC(…)K=AC(…)     //绝对式=AC(…)：圆心的绝对尺寸
```

已知圆心与圆弧终点的圆弧插补指令示例如图 5-7 所示。

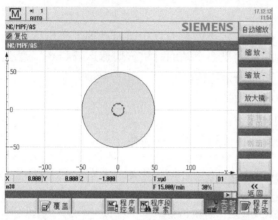

图 5-7 已知圆心与圆弧终点的圆弧插补指令示例

（2）已知终点与半径的圆弧插补指令。

使用圆弧插补指令对圆弧进行加工，不能用于整圆编程。利用已知圆弧终点与半径的方式加工圆弧时需要在编程时给出的参数有圆弧轨迹的终点坐标（X,Y,Z）；圆弧的半径 CR=…；圆弧的角度 CR=＋…（角度小于或等于 $180°$）；CR=－…（角度大于 $180°$）。

已知终点与半径的圆弧插补指令的编程格式如下：

```
G2/G3  X…Y…Z…CR=+…      //运行角度小于或等于180°
G2/G3  X…Y…Z…CR=-…      //运行角度大于180°
```

已知终点与半径的圆弧插补指令示例如图 5-8 所示。

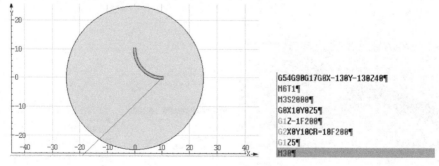

图 5-8 已知终点与半径的圆弧插补指令示例

4）暂停指令 G4

暂停指令用于在两个程序段之间设定一个暂停时间，在此时间内工件加工中断。暂停指令会中断连续路径运行。

暂停指令的编程格式如下：

```
G4  F              //在地址F下设定暂停时间，单位为s
G4  S              //在地址S下设定暂停时间，单位r
G4  S<n>=…         //n为主轴编号
```

只有在暂停指令程序段内，地址 F 和地址 S 才用于设定时间。在暂停指令程序段之前设定的进给速度 F 与主轴转速 s 会被保留。

暂停指令示例如图 5-9 所示。

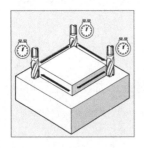

```
N10  G1  F200  z-5  S300  M3    //进给速度为F，主轴转速为s
N20  G4  F3                     //暂停时间为3s
N30  X40  Y10
N40  G4  S30                    //主轴停留 30 转的时间（在主轴转速为
                                  30rad/min 且转速为 100%的情况下，
                                  停留时间 t=1min）
```

图 5-9　暂停指令示例

5）刀具半径补偿指令 G40、G41、G42、OFFN

G40：取消 TRC 刀具半径补偿。

G41：激活 TRC，加工方向为轮廓左侧，即刀具轨迹向左偏移。

G42：激活 TRC，加工方向为轮廓右侧，即刀具轨迹向右偏移。

OFFN：轨迹偏移，用于编程轮廓的加工余量。需注意的是，该指令只在半径补偿激活时生效。

6）零点偏移指令 G54～G57 和 G505～G599

零点偏移指令可用于在所有轴上依据基准坐标系的零点设置工件零点。在不同的程序之间调用零点（如用于不同的夹具）、激活可设定的零点偏移的指令为 G54～G57 和 G505～G599，共 99 个。

G500：关闭当前可设定的零点偏移。

G53：抑制逐段生效的可设定的零点偏移和可编程的零点偏移。

G153：除具有 G53 的作用外，还可抑制整体基准框架。

SUPA：除具有 G153 的作用外，还可抑制手轮偏移（DRF）、叠加运动、外部零点偏移、预设定偏移。

7）加工平面指令 G17、G18、G19

加工平面指令用于指定加工所需工件的工作平面。加工平面指令示意图如图 5-10 所示。

G17：工作平面 X/Y，进刀方向 Z 轴方向，平面选择第 1—第 2 几何轴。

G18：工作平面 X/Z，进刀方向 Y 轴方向，平面选择第 3—第 1 几何轴。

G19：工作平面 Y/Z，进刀方向 X 轴方向，平面选择第 2—第 3 几何轴。

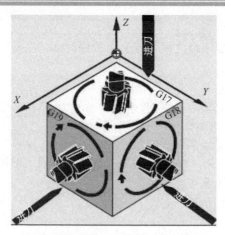

图 5-10　加工平面指令示意图

2. M 代码编程

M0：程序停止，在 NC 程序段中使用 M0 指令可使加工停止。加工停止后可以进行去除切屑、再次测量等操作。

M1：有条件停止，配合程序控制进行有选择停止。

M2：程序结束，用于程序段末尾。

M3：主轴正转，主轴顺时针旋转。

M4：主轴反转，主轴逆时针旋转。

M5：主轴停止。

M6：主轴换刀。

M17：子程序结束，用于子程序末尾。

M30：同 M2 指令的功能一致，用于程序段末尾。

在三轴联动的机床中，形象地将主轴称为刀轴。哪个轴为主轴通过机床数据设定，主轴名称为 S 或者 S0。设定主轴转速和主轴旋转方向可以使主轴发生旋转偏移，这是切削加工的前提条件。编程格式如下：

```
S/S0=…        //设定主轴转速
```

在一般情况下 S 为主轴转速，单位为 r/min。当 G96、G961 或者 G962 被激活时，S 值被设定为切削速度。

主轴换刀指令 M6 需与刀具号 T 配合使用，编程格式如下：

```
T1 M6; M6 T1
```

其中，T1 表示需要更换的目标刀具号，M6 表示换刀的固定指令。主轴需要卸刀可以通过 M6 T0 语句实现。

3. 行程指令概述

1）零点偏移指令 TRANS/ATRANS

通过零点偏移指令可以设定所有轨迹轴和定位轴方向上的零点偏移。可以利用变换的零点对工件进行加工，如对工件上的不同位置的重复加工。

TRANS：绝对零点偏移指令，以当前生效的通过 G54～G57 和 G505～G599 指令设置的工件零点为基准进行偏移。

ATRANS：相对零点偏移指令，可在原有基础上累加。

行程指令加工示例如图 5-11 所示。

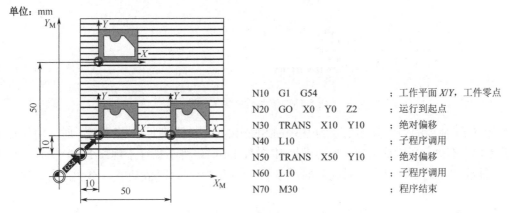

N10	G1	G54		; 工作平面 X/Y，工件零点
N20	GO	X0 Y0 Z2		; 运行到起点
N30	TRANS	X10	Y10	; 绝对偏移
N40	L10			; 子程序调用
N50	TRANS	X50	Y10	; 绝对偏移
N60	L10			; 子程序调用
N70	M30			; 程序结束

图 5-11　行程指令加工示例

2）可编程旋转指令 ROT RPL/AROT/RPL

通过"ROT RPL/AROT RPL=…"指令可实现在空间中旋转工件坐标系［以选择的加工平面的零偏坐标系原点为参考点（如 G54 等），围绕垂直于有效平面（G17、G18、G19）的几何轴，以给定的角度旋转工件坐标系］。

ROT RPL=…：绝对旋转指令，以当前平面的零偏坐标系原点为参考点沿 Z 轴进行旋转，RPL 为旋转角度。

AROT RPL=…：附加旋转指令，与 ROT RPL 指令相同，旋转角度为增量式，可累加。

可编程旋转指令加工示例如图 5-12 所示。

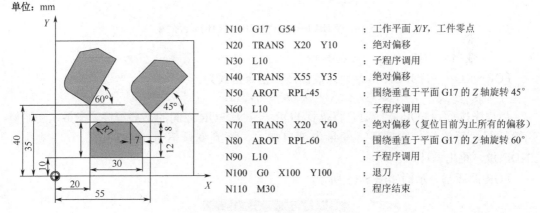

N10	G17	G54		; 工作平面 X/Y，工件零点
N20	TRANS	X20	Y10	; 绝对偏移
N30	L10			; 子程序调用
N40	TRANS	X55	Y35	; 绝对偏移
N50	AROT	RPL-45		; 围绕垂直于平面 G17 的 Z 轴转 45°
N60	L10			; 子程序调用
N70	TRANS	X20	Y40	; 绝对偏移（复位目前为止所有的偏移）
N80	AROT	RPL-60		; 围绕垂直于平面 G17 的 Z 轴转 60°
N90	L10			; 子程序调用
N100	G0	X100	Y100	; 退刀
N110	M30			; 程序结束

图 5-12　可编程旋转指令加工示例

3）条件判断指令和条件分支指令 IF…ELSE…ENDIF

IF…ENDIF：编写条件指令，只有满足特定条件，系统才会执行 IF 和 ENDIF 之间的程序块。

IF…ELSE…ENDIF：编写条件分支指令，只有满足条件，系统才会执行 IF 和 ELSE 之间的程序块；若条件未满足，则执行 ELSE 和 ENDIF 之间的程序块。

条件判断指令示例如图 5-13 所示。

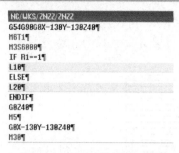

图 5-13　条件判断指令示例

图 5-13 使用的条件分支指令为 IF…ELSE…ENDIF，当满足 IF 条件 R1 时，将执行子程序 L10，不执行子程序 L20；当不满足 IF 条件 R1 时，将不执行子程序 L10，执行子程序 L20。需要注意的是，对变量做比较时等于为 "=="；"=" 为赋值功能，不能作为条件进行判断。

4）有条件的程序循环指令 WHILE…ENDWHILE

WHILE…ENDWHILE：循环是有条件的，只要满足循环条件，就执行 WHILE 与 ENDWHILE 之间的程序块，直到不满足循环条件，才跳出循环。

WHILE…ENDWHILE 循环指令示例如图 5-14 所示。

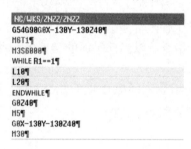

图 5-14　WHILE…ENDWHILE 循环指令示例

5）计数循环 FOR…TO…,ENDFOR

FOR…TO…,ENDFOR 指令为计数循环，指令格式为：

FOR <变量> = <初始值> TO <结束值>… ENDFOR

当程序执行到 FOR 指令时，将执行 FOR 与 ENDFOR 之间的循环程序，变量从初始值开始计算，每执行一次循环，变量内部自加 1，直到变量值等于结束值，程序才执行 ENDFOR，跳出循环。

FOR 循环指令示例如图 5-15 所示。

图 5-15　FOR 循环指令示例

图 5-15 所示的程序将会在 FOR 循环中对子程序 L10 循环执行 3 次后再跳出。

6）无限循环指令 LOOP…ENDLOOP

LOOP…ENDLOOP 是计数循环，指令格式为：

    LOOP <变量> = <初始值> TO <无限循环最大值>…ENDLOOP

当程序执行到 LOOP 指令时，将进入循环，程序将循环在 LOOP 与 ENDLOOP 之间的程序中，变量从初始值开始计算，每循环一次，变量内部自动加 1，程序执行到无限循环最大值结束。在一般情况，无限大值取到足够使用即可。

如图 5-16 所示，程序执行 LOOP 循环之后，将会在 LOOP 循环中对子程序 L10 循环执行 5 次后跳出循环。

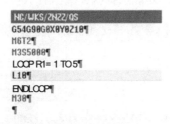

图 5-16　LOOP 无限循环指令示例

7）程序跳转 GOTOB/GOTOF/GOTO

在一个程序中可以设置跳转标记（标签），通过 GOTOF/GOTOB/GOTO 指令可以实现在同一个程序内从其他位置跳转到跳转标记处，然后继续程序加工，该指令直接跟随在跳转标记后。

GOTOB：以程序开始方向的带跳转目标的跳转指令。

GOTOF：以程序末尾方向的带跳转目标的跳转指令。

GOTO：带跳转目标查找的跳转指令。查找先向程序末尾方向进行，然后从程序开始处查找。跳转标记名称有以下规定：① 字符数，至少 2 个，最多 32 个；② 允许使用的字符有字母、数字、下画线；③ 开始的两个字符必须是字母或下画线；④ 跳转标记名之后为一个冒号（：）。

程序跳转指令示例如图 5-17 所示。

图 5-17　程序跳转指令示例

如图 5-17 所示，程序在执行 GOTOF 后会跳转到 A_2 标志位执行 L20 子程序，随后执行 GOTOB 后跳转到 A_1 标志位执行 L10 子程序。

任务二　西门子 828D 数控铣床操作基础

5.2.1　操作组件介绍

1）面板介绍

面板（见图 5-18）可分为如下区域：① 调试接口区；② 显示屏幕；③ 纵向/横向按键区；④ 字符/数字键入区；⑤ 功能选择区；⑥ 帮助区；⑦ 光标区；⑧ 控制键区。

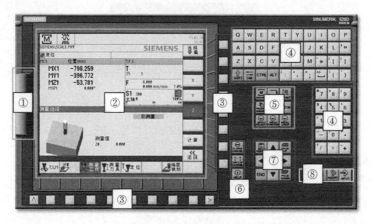

图 5-18　面板显示

调试接口区，如图 5-19 所示，位于图 5-18 中的①区域，由 A——X127 端口，服务调试用端口，B——状态 LED 信号灯，C——USB 接口，D——CF 卡插槽组成。调试接口区主要负责完成数据传输状态显示与存储工作。

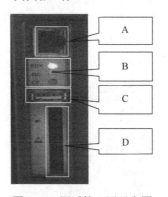

图 5-19　调试接口区示意图

显示屏幕，如图 5-20 所示，位于图 5-18 中的②区域。图 5-20 中的①～⑤分别为显示区域的子功能，其中①为当前操作模式和报警提示信息；②为当前打开程序路径及名称；③为当前机床所处状态；④为坐标系；⑤为转速、进给量的实时显示，如图 5-21 所示，其参数含义如表 5-1 所示。

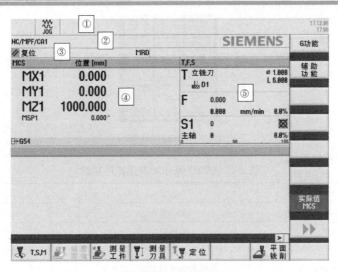

图 5-20 显示屏幕

图 5-21 转速、进给量的实时显示

表 5-1 转速、进给量各参数含义

参数		含义
T	1	刀具号
	D1	刀沿号
	R 10.000	刀具半径
	L 38.000	刀具长度
F	0.000	实际进给率
	0.000	编程进给率
	120%	进给倍率
S	800	实际主轴转数
	1000	编程主轴转数
	80%	主轴转数倍率
	⟳ 或 ⊠	主轴状态

纵向/横向按键区，位于图 5-18 中的③区域，为触压式按键。按下该区域中的"测量刀具"按键，就会在显示屏幕中出现刀具信息，进而可对其进行相应修改。

功能选择区，如图 5-22 所示，位于图 5-18 中的⑤区域。按下功能选择区中的相应按键，屏幕就会调出相应界面，828D 系统的初始界面为 MACHINE 加工界面 828 系统功能选择区，如表 5-2 所示。

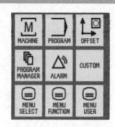

图 5-22　功能选择区

表 5-2　828D 系统功能选择区功能

按键名称	含义	功能
MACHINE	加工界面	加工参数
PROGRAM	程序界面	程序编辑
OFFSET	刀具界面	显示刀具信息
PROGRAMMANAGER	程序管理界面	程序管理
ALARM	警告界面	显示提示信息
CUSTOM	自定义	—
MENU SELECT	菜单选择	—
MENU FUNCTION	用户自定义	—
MENU USER	用户自定义	—

光标区，如图 5-23 所示，位于图 5-18 中的⑦区域，用来操作显示屏幕中光标的上移、下移、左移和右移。光标区按键功能如表 5-3 所示。

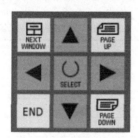

图 5-23　光标区

表 5-3　光标区按键功能

按键名称	功能
NEXT WINDOW	下个窗口
PAGE UP	上页
PAGE DOWN	下页
END	结束
SELECT	选择
上按键（▲）	光标上移
下按键（▼）	光标下移
左按键（◀）	光标左移
右按键（▶）	光标右移

2）手动页面功能

手动页面功能，位于面板的下方，如图 5-24 所示，主要用来完成手动操纵，如急停、复位等。

图 5-24　手动页面功能

⬤机床急停按键；⬈子模式按键，用于控制机床与控制系统的同步，确定机床坐标系的原点；⊞WCS 坐标系与 MCS 坐标系切换键，用于切换机床坐标系与工件/加工坐标系；⫽复位键，用于复位一些错误和状态；⊞单块键，用于单步执行程序，在单步调试程序时使用；⬛进给保持键，用于暂停程序运行；⬚循环启动键，用于启动程序或运行一些功能指令；⊞用户自定义按键区，利用 PLC 可以将该按键区的按键与机床相关设备相关联，从而进行快捷控制。

操作模式按键功能图如图 5-25 所示。

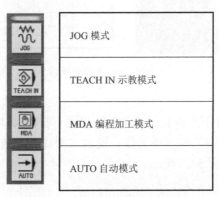

〰 JOG	JOG 模式
◈ TEACH IN	TEACH IN 示教模式
▣ MDA	MDA 编程加工模式
→ AUTO	AUTO 自动模式

图 5-25　操作模式按键功能图

采用 JOG 模式，在使能启动和倍率不为零的情况下，选择需要控制的轴及运动的方向，最多可以三轴同时动作。RAPID 按键为手动快速按键，同时按下轴选按键和 RAPID 按键，可以通过手动实现坐标轴的快速移动。X 轴、Y 轴、Z 轴为坐标系的 3 个轴，这里，主轴也算其中一个轴，C 轴即机床的主轴。因此，C 轴为第四个轴。轴选按键上的"+""-"表示轴移动的方向，如+X 表示向 X 轴的正方向移动。对于主轴来说，"+""-"则表示正反转，如+C 表示主轴正转。

JOG 模式及其相关功能如表 5-4 所示。

表 5-4　JOG 模式及其相关功能

按键	功能
	JOG 模式
	使能
	倍率
	轴选按键，可用来操纵轴的移动

依次按下 JOG 模式按键→使能按键→倍率按键→轴选按键，即可手动操纵机床移动。

5.2.2　机床设置与手动使能

通过手动操纵箱（见图 5-26），可对轴旋转速度、旋转方向进行控制。

①	急停按键
②	轴选按键
③	倍率按键
④	脉冲转盘
⑤	方向控制

图 5-26　手动操纵箱

1）定位

在 JOG 模型下，通过下上按键调出 T,S,M 界面。在 T,S,M 界面中，通过选择或者输入参数即可轻松完成加工准备，如更换刀具、设定主轴旋转参数、激活工件坐标系。

T,S,M 界面及功能如图 5-27 所示。

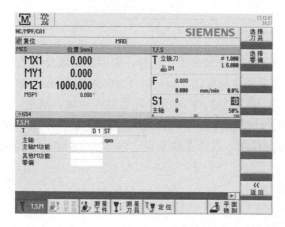

T	刀具名称/刀具号
D	刀沿号
ST	备用刀具
主轴	主轴转速
主轴 M 功能	主轴旋转方向
零偏	零偏工件坐标系

图 5-27　T,S,M 界面及功能

按下 ![] ,可以将 T,S,M 界面中的数据载入机床系统。在 JOG 模式下,利用上下按键调出"定位"界面,如图 5-28 所示。在"定位"界面中,可以设置各轴要到达的目标位置及进给速度 F。

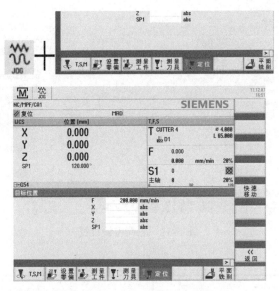

图 5-28　"定位"界面

在"定位"界面中输入如图 5-29 所示参数,然后按下 ![] ,机床会快速定位到目标位置(50,50,50)。

图 5-29　机床坐标位操作实例

2)设置零偏

在 T,S,M 界面中启动零偏机床,启动后 T,S,M 界面中会出现"G54"字样,表示当前选择的零偏工件坐标系为"G54",如图 5-30 所示。

F	速度
X	X 轴坐标
Y	Y 轴坐标
Z	Z 轴坐标
SP1	主轴转动角度

图 5-30　零偏设置界面

　　在设置零偏之前，一般先通过手动操纵将机床移动至所需工件零点上再设置零偏（见图 5-31），工件零偏设置计算如表 5-5 所示。

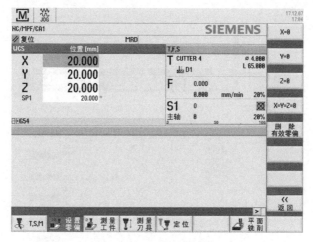

图 5-31　工件零偏设置

表 5-5　工件零偏设置计算

X=0	X 轴单轴设置零偏
Y=0	Y 轴单轴设置零偏
Z=0	Z 轴单轴设置零偏
设置零偏 ＋ X=Y=Z=0	X 轴、Y 轴、Z 轴三轴同时设置零偏

　　3）试对刀

　　（1）试切对刀 1。

　　① X 轴方向对刀。

　　用刀具在工件的右边轻轻地碰一下，将机床 X 轴的相对坐标清零；将刀具沿 Z 轴方向向上提起，再将刀具移动到工件的左边，沿 Z 轴方向向下移动到之前的高度；移动刀具，使之与工件轻轻接触，再将刀具提起，记下机床相对坐标 X 轴的值，将刀具移动到相对坐标 X 轴值的一半的位置上，单击"X=0"按钮，如图 5-32 所示。

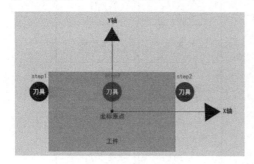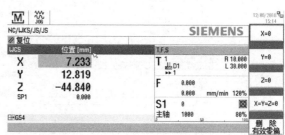

图 5-32　X 轴方向对刀

② Y 轴方向对刀。

用刀具在工件的右侧轻轻地碰一下，将机床 Y 轴的相对坐标清零；将刀具沿 Z 轴方向向上提起，再将刀具移动到工件的左边，沿 Z 轴方向向下移动到之前的高度；移动刀具，使之与工件轻轻接触，再将刀具提起，记下机床相对坐标的 Y 轴值，将刀具移动到相对坐标 Y 轴值的一半的位置上，单击"Y=0"按钮，如图 5-33 所示。

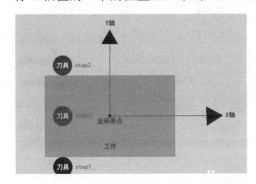
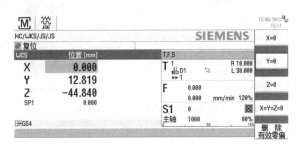

图 5-33　Y 轴方向对刀

③ Z 轴方向对刀。

将刀具移动到工件 Z 轴方向零点的面上，慢慢移动刀具，使之轻触工件上表面，单击"Z=0"按钮，如图 5-34 所示。

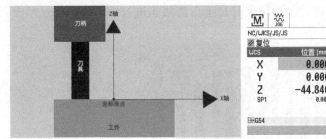
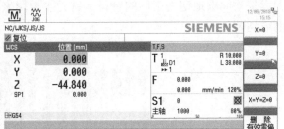

图 5-34　Z 轴方向对刀

（2）试切对刀 2。

在"测量工件"界面中单击圆形凸台 P1～P4 四个点，对其进行测量。根据工件的位置，将机床刀具依次移动到工件对应的 P1～P4 点上，并保存各点位置，如图 5-35 所示。

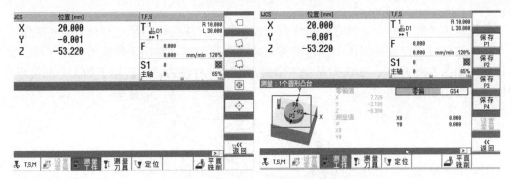

图 5-35　对 X 轴、Y 轴进行零偏设置

测量完 4 个点之后，单击"设置零偏"按钮后单击"确认"按钮激活零点偏移，如图 5-36 所示，系统将自动生成零偏的坐标数值，此时能够确定的就是零偏坐标系的 X 轴、Y 轴方向的原点。零偏坐标系的 Z 轴需要进行额外指定，单击"设置零偏"按钮，将刀具末端移动到工件的表面，设置"Z=0"即可完成。

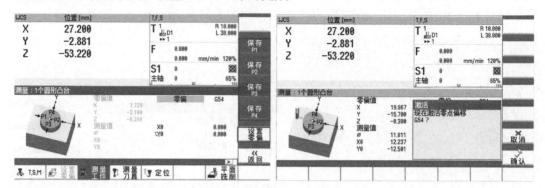

图 5-36　对 Z 轴进行零偏设置

5.2.3　刀具管理

1）刀具介绍

数控铣刀（见图 5-37）是用于铣削加工、具有一个或多个刀齿的旋转刀具。工作时各刀齿依次间歇地切去工件的余量。铣刀主要用来对台阶、沟槽等进行切削加工，以形成表面或切断工件。

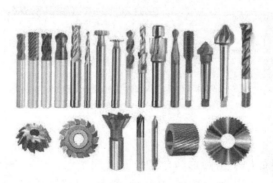

图 5-37　数控铣刀外形图

数控铣刀一般可分为盘铣刀、端铣刀、成型铣刀、球头铣刀和鼓型铣刀五种类型。

盘铣刀一般用在盘状刀体上，由机夹刀片或刀头组成，常用于端铣较大的平面。盘铣刀外形图如图 5-38 所示。端铣刀是加工中最常用的一种铣刀，广泛用于加工平面类零件。端铣刀外形图如图 5-39 所示。

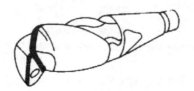

图 5-38　盘铣刀外形图

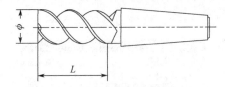

图 5-39　端铣刀外形图

成型铣刀是为特定的工件或加工内容专门设计的铣刀，用于加工平面类零件的特定形状（如角度面、凹槽面等），也可用于加工特形孔或台。成型铣刀外形图如图 5-40 所示。

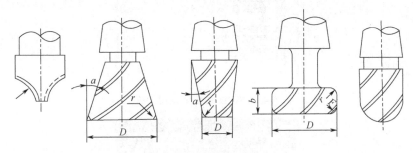

图 5-40　成型铣刀外形图

球头铣刀用于加工空间曲面零件，有时也用于对平面类零件较大的转接凹圆弧进行补加工，多用于精加工。球头铣刀外形图如图 5-41 所示。鼓形铣刀主要用于变斜角类零件的变斜角面的近似加工。鼓形铣刀外形图如图 5-42 所示。

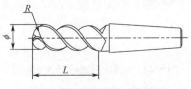

图 5-41　球头铣刀外形图

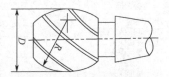

图 5-42　鼓形铣刀外形图

2）828D 系统中的刀具介绍

828D 系统已经自动为不同的刀具分配了类型及标识符，具体如表 5-6 所示。

表 5-6　828D 系统中的刀具类型及标识符

刀具类型	标识符
1XY	铣刀
2XY	钻头
3XY	备用
6XY	备用
7XY	特种刀具

828D 系统中预设的铣刀、钻头、特种刀具如图 5-43～图 5-45 所示。

图 5-43　828D 系统中预设的铣刀

图 5-44　828D 系统中预设的钻头

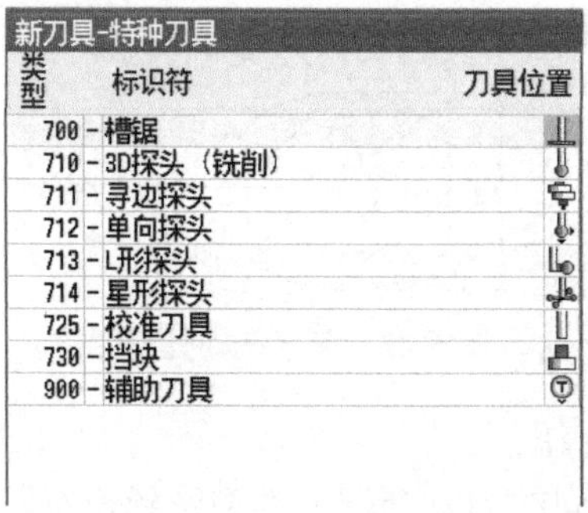

图 5-45　828D 系统中预设的特种刀具

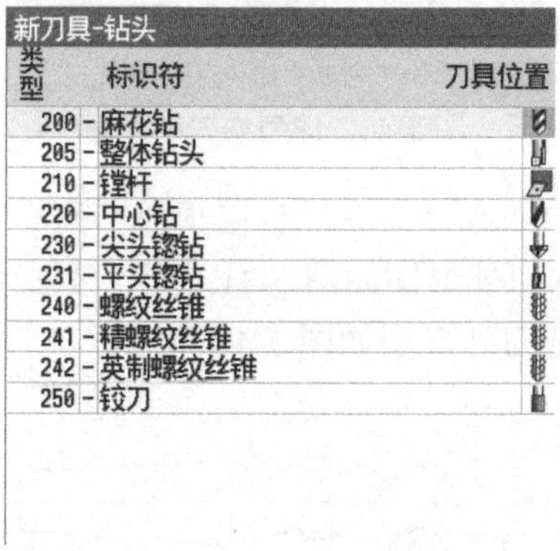

5.2.4　828D 系统中的刀库刀具操作

828D 系统中的"刀具清单"界面与"刀具磨损"界面如图 5-46 所示。按下 ![OFFSET], 进入刀具管理界面, 该界面主要包含三个界面, 即"刀具清单"界面、"刀具磨损"界面、"刀库"界面。

图 5-46　"刀具清单"界面与"刀具磨损"界面

通过刀具表可获得刀具在刀库中的位置，刀的类型、刀具号、刀的长度、刀的半径等信息，如图 5-47 所示。

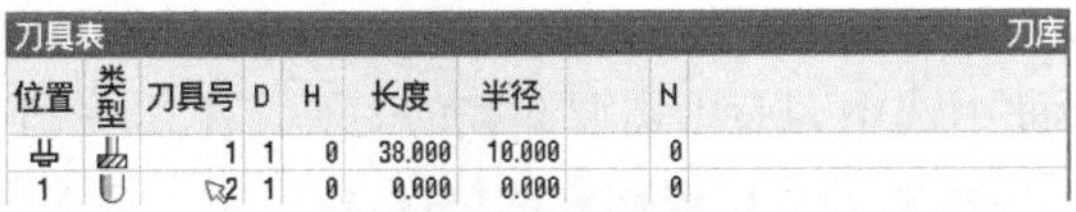

位置	刀具在刀库中的位置，表示主轴上的刀具
类型	刀的类型
刀具号	刀的编号
D	刀沿号
H	H 号
长度	刀的长度
半径	刀的半径
N	刀的齿数

图 5-47　刀具表

（1）新建刀具的步骤如下所示。

在"刀具清单"界面中，选中一行空的单元格，单击界面右侧的"新建刀具"按钮，在弹出的界面中单击"类型"选项，然后选择新建刀具的类型，单击右侧"确认"按钮，如图 5-48 所示。

图 5-48　确定新建刀具类型

在"新建刀具"提示框中设置刀具号后，单击"确认"按钮，然后设置刀具表中的其他参数即可完成刀具的新建，如图 5-49 所示。

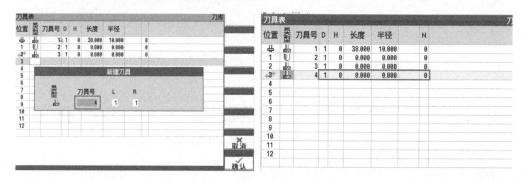

图 5-49　设置新建刀具参数

（2）刀具卸载的步骤如下所示。

在"刀具清单"界面中选中刀库中需要卸载的刀具，单击"卸载"按钮，即会出现如图 5-50 右图所示的刀具已被卸载的情况。

图 5-50　刀具卸载

（3）刀具装载的步骤如下所示。

在"刀具清单"界面中选中刀具表中的空白行，单击"装载"按钮，在弹出的"载入"提示框中选择需要装载的刀具，单击"确认"按钮，然后设置刀具需要放置的位置，单击"确认"按钮，如图 5-51 所示。

图 5-51　刀具装载操作流程

5.2.5 程序管理界面

按下 ![program manage] 进入 828D 系统的程序管理界面，如图 5-52 所示。其中，DIR 为文件夹；WPD 为工件程序文件夹；MPF 为主程序；SPF 为子程序。具体内容说明如下：① 通过程序管理界面垂直按键区可以对程序进行管理操作；② 通过程序管理界面水平按键区可以选择程序处理的存储位置，如 NC、CF、USB 等，NC 为数控系统计算机存储区域；③ 通过光标区按键可以打开相关程序文件夹。

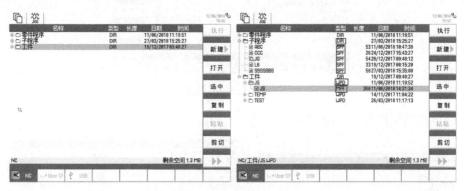

图 5-52 程序管理界面

（1）新建程序。

新建程序的步骤如下所示。

单击"新建"按钮，选择类型，在"名称"文本框中输入程序名，单击"确认"按钮，即可完成新建。选中相应程序后，单击"打开"按钮即可对该程序进行编辑，如图 5-53 所示。

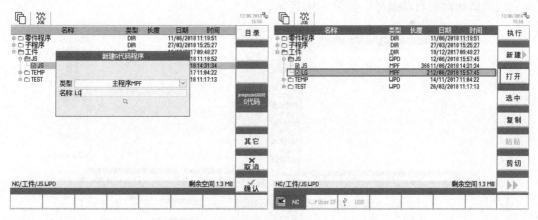

图 5-53 新建程序

（2）程序编辑界面。

在 NC 界面中，选中需要编辑的程序文件，单击"打开"按钮，即可进入选择的程序的编辑界面。通过控制键区按键，可以快速进入已经打开的程序的编辑界面，如图 5-54 所示。在程序编辑界面可以对程序语句进行编辑。

（3）子程序编程及调用。

在子程序文件夹中新建子程序（如 L10），编写好子程序的内容后，在需要调用子程序的主程序中直接键入子程序文件名即可完成调用（可以重复进行调用）。

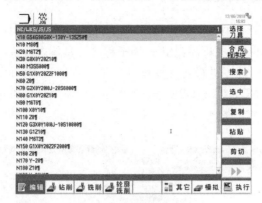

图 5-54　程序编辑界面

子程序调用示例如图 5-55 所示。

图 5-55　子程序调用示例

（4）自动编号。

打开"编程"界面，将光标移动至程序开头依次单击 ▶▶ →"设置"按钮，打开"设置"界面，将"自动编号"设置为"是"，输入首个程序段号和步距，单击"确认"按钮即可完成间隔相同的自动编号，如图 5-56 所示。

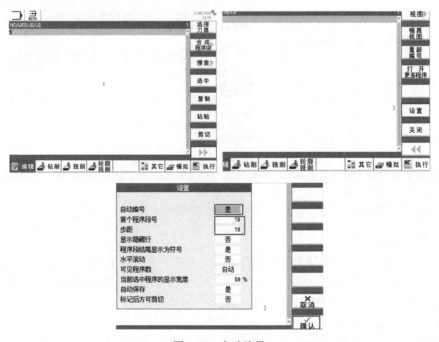

图 5-56　自动编号

（5）程序导入/导出。

打开 NC 界面，单击 USB 选项卡进入 USB 文件夹，选中需要导入的文件夹或文件，单击"复制"按钮，单击 NC 选项卡进入 NC 文件夹，单击"粘贴"按钮，即可完成程序导入，如图 5-57 所示。程序导出的方法与程序导入的方法类似。

图 5-57　程序导入

（6）程序调用及修改。

单击 [PROGRAM MANAGER] 进入程序管理界面，选中目标程序文件，单击"打开"按钮查看程序，在程序编辑界面中单击"执行"按钮，界面将自动切换至加工主界面。若需要直接修改加工主界面的程序，可单击"程序修改"按钮，进入程序修改界面，进而修改程序，修改完成后单击"执行"按钮，即可调用修改后的程序，如图 5-58 所示。

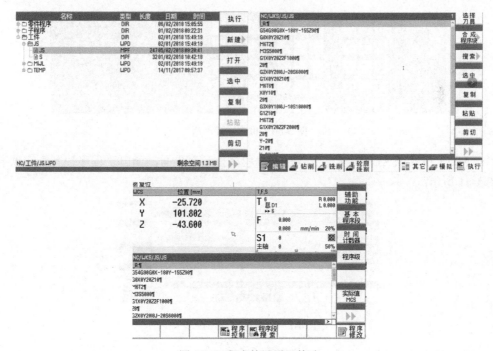

图 5-58　程序的调用及修改

（7）"用户变量"界面。

在刀具管理界面中，打开"用户变量"界面，即可看到系统自带的变量 R0～R99。"用户变量"界面及编程如图 5-59 所示。

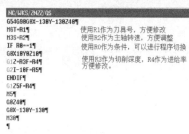

图 5-59　"用户变量"界面及编程

（8）"程序控制"选项卡。

利用机床操控面板上的 ▣ 或 ▣（见图 5-60），进入程序加工界面。

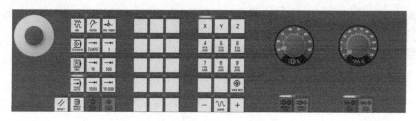

图 5-60　机床操控面板

在 MDA 模式或 AUTO 模式下，进入"程序控制"界面，调出"程序控制"选项卡，如图 5-61 所示。

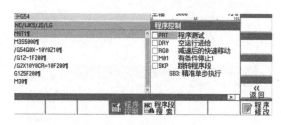

图 5-61　"程序控制"选项卡

"程序控制"选项卡中各选项的功能含义如下所示。

PRT 程序测试，程序空运行，没有实际轴运动。

DRY 空运行进给，程序以空运行进给速度移动，有实际轴移动。

RG0 减速后的快速移动，程序执行到快速移动 G0 之后，将不再以参数设置速度移动，而需要按照 RG0 的倍率进行调整。

M01 有条件停止，勾选该复选框后，程序执行到 M01 将暂停。

SKP 跳转程序段，勾选该复选框后，程序段开头有"/"的将会被跳过。

（9）自动运行设置。

在程序加工界面中单击屏幕右下角的 ▶ 按钮，即可进行窗口切换；单击"设置"按钮，即可对空运行进给 DRY 和减速后的快速移动 RG0 进行设置，如图 5-62 所示。

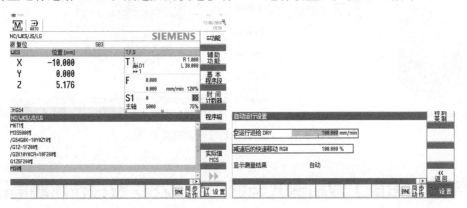

图 5-62　自动运行设置

（10）程序模拟。

在程序编辑器中，可以对编写完的程序进行模拟加工，单击"模拟"按钮后，单击 ▶▶ 按钮将窗口切换至第二界面，单击"显示刀具路径"按钮，即可看到刀具的移动轨迹，如图 5-63 所示。

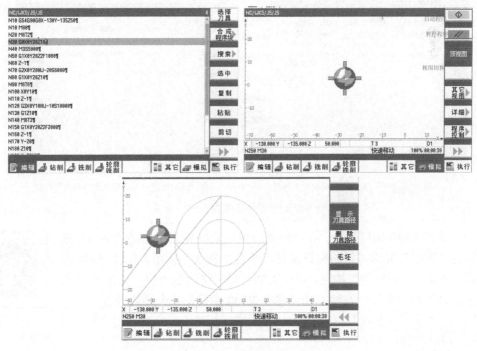

图 5-63　程序模拟

单击第二界面中的"毛坯"按钮，设置毛坯的参数，如图 5-64 左图所示。

设置完毕后，单击"接收"按钮，单击 ◁ 按钮回到第一界面，单击"执行"按钮，即可看到如图 5-64 右图所示的切削效果。

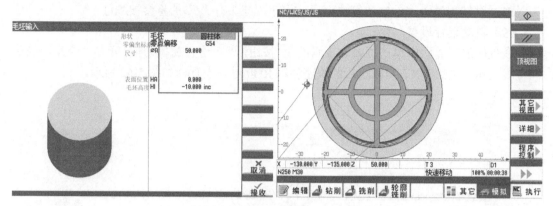

图 5-64　毛坯参数的设置及模拟效果

任务三　ABB 工业机器人与西门子 828D 数控铣床通信设置

5.3.1　828D 数控铣床网络设置

（1）查看 828D 数控铣床的机床配置及网络设置（见图 5-65）。

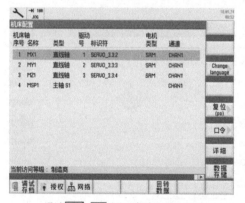

通过 🖳 + ▶ 调出"机床配置"界面

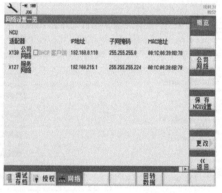

在"网络设置一览"界面中查看网络设置

图 5-65　查看机床配置及网络设置

（2）修改 X130 接口信息。在"网络设置一览"界面中选择"网络"选项卡，在"网络"界面进行相应设置后，单击"确认"按钮，如图 5-66 左图所示。点击"公司网络"按钮，可以看到公司网络设置内容，如图 5-66 右图所示，再点击"更改"按钮，即可修改 X130 接口及防火墙的设置。

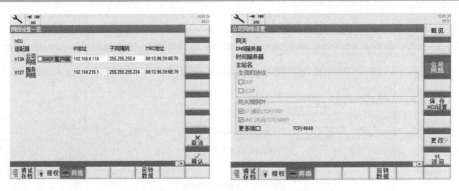

图 5-66　828D 数控铣床网络接口设置

5.3.2　WinCC 通信设置

打开博图软件，单击"设备与网络"选项下的"添加新设备"单选按钮，选择"PC 系统"中的 WinCC RT Professional，然后在"网络视图"界面下，给添加的模块配置通信块——"常规 IE"，如图 5-67 所示。

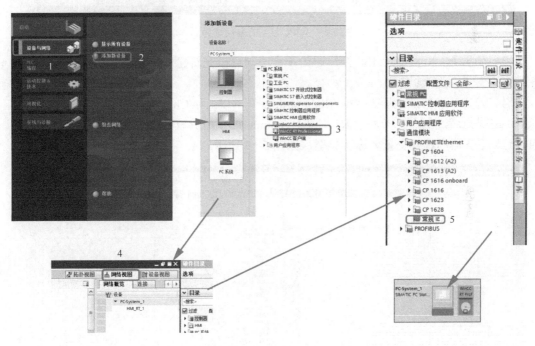

图 5-67　WinCC 通信设置

5.3.3　828D 与 WinCC 通信设置

（1）在 HMI_RT_1[WinCC Professional]的"连接"界面中将"通信驱动程序"设置为 OPC UA，如图 5-68 所示。

（2）若将 WinCC V14 作为 OPC UA 的客户端，则需要声明 OPC UA 服务器地址，如"opc.tcp://192.168.0.110:4840"。其中，192.168.0.110 是 828D X130 接口的地址，也就是 OPC

UA 服务器的 IP 地址；4840 是机床端口号。

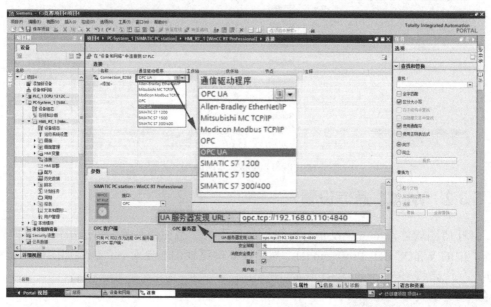

图 5-68　OPC UA 的通信选择

（3）如果 PC 和 828D X130 接口通信正常，则可以在新建变量时在线看到 OPC UA 服务器里的变量，如 R1 参数。

（4）若 R1 参数的地址是"ns=SinumerikVarProvider;s=/Channel/Parameter/rpa[u1,1]"。其中，u1 表示第一通道，1 表示 R1。由于 Sinumerik 系统具有许多变量，所以最好在线从 OPC UA 服务器中选择变量名称和类型，如图 5-69 所示。

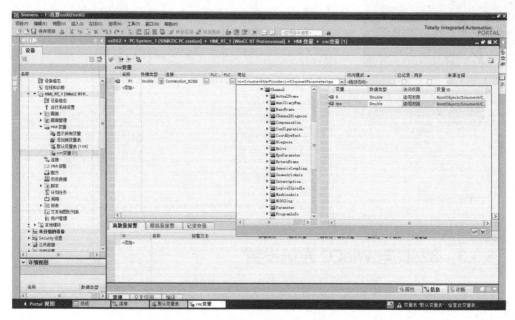

图 5-69　选择变量名称、类型

（5）常用的 OPC UA 对应的地址表如图 5-70 所示。

显示变量名称	HMI引用地址	NC引用地址	备注
机械坐标	nck/Channel1/MachineAxis/ToolBasePos[0]	$AA_MM[轴]	0为X轴，1为Y轴，2为Z轴，4为SP轴。
工件坐标	nck/Channel1/GeometriAxis/actprogpos[0]	$AA_MW[轴]	
对刀数据坐标	nck/Channel1/GeometriAxis/actToolEdgeCerte[0]		
当前刀具号	nck/Channel1/State/actTNumber	$C_T	
当前刀沿号	nck/Channel1/State/actDNumber	D	
刀号1号刀沿长度数据	nck/Tool1/Compensation/edgeData[cn,2]	$TC_DP2[Toolnumber,1]	n为刀号
刀具1号刀沿长度补偿数据	nck/Tool1/Compensation/edgeData[cn,11]	$TC_DP11[Toolnumber,1]	n为刀号
刀具1号刀沿半径	nck/Tool1/Compensation/edgeData[cn,5]	$TC_DP5[Toolnumber,1]	n为刀号
刀具1号刀沿补偿数据	nck/Tool1/Compensation/edgeData[cn,14]	$TC_DP14[Toolnumber,1]	n为刀号
刀具刀库变量	nck/Tool1/Compensation/edgeData[u1,c14,24]	$TC_DP25[Toolnumber,1]	n为刀号
显示第1行程序	nck/Channel1/Programinfo/block[u1,0]		
显示第2行程序	nck/Channel1/Programinfo/block[u1,1]		
显示第3行程序	nck/Channel1/Programinfo/block[u1,2]		
系统开机运行时间	nck/Nck/Channel1Diagnose/poweronTime[u1]	$AC_OPERATING_TIME	
当前程序运行时间	nck/Channel1/State/actProgNetTime[u1]	$AC_CYCLE_TIME	
所需工件（工件设定值）的数量	nck/Channel1/State/reqParts[u1]	$AC_REQUIRED_PARTS	
实际零件数	nck/Channel1/State/actParts[u1]	$AC_ACTUAL_PARTS	
R参数	nck/Channel1/Paramete/R[n]	R1	
G500 X	nck/Channel1/baseFrame/linShift[0]	G500	
G54 X	nck/Channel1/UseFrame1/linShift[n]	G54	n为总轴数加1
GUD变量	gud/_ZSFR[10]	_ZSFR[10]	
	gud/_TW[10]	_TW[10]	
PLC I/O/M	PLC/3.4		
	PLC/0.4		
	PLC/M0.4		
实际进给速度	nck/Channel1/State/actFeedRateIpo		
命令进给速度	nck/Channel1/State/cmdFeedRateIpo		
主轴实际速度	nck/Channel1/Spindle/actSpeed		
主轴命令转速	nck/Channel1/Spindle/cmdSpeed		

图 5-70 常用的 OPC UA 对应的地址表

任务四 控制系统与西门子 828D 数控铣床通信设置

5.4.1 总控单元控制原理

（1）系统与 PLC 接线：西门子 PLC（主站）与 FR8210 适配器通过 ProfiNet 通信线缆连接，一般使用百兆网线即可。西门子 PLC（主站）示意图如图 5-71 所示；适配器选型表如图 5-72 所示。

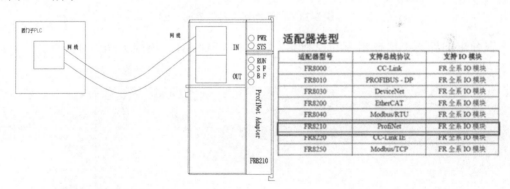

适配器选型		
适配器型号	支持总线协议	支持IO模块
FR8000	CC-Link	FR全系IO模块
FR8010	PROFIBUS-DP	FR全系IO模块
FR8030	DeviceNet	FR全系IO模块
FR8200	EtherCAT	FR全系IO模块
FR8040	Modbus/RTU	FR全系IO模块
FR8210	ProfiNet	FR全系IO模块
FR8220	CC-Link IE	FR全系IO模块
FR8250	Modbus/TCP	FR全系IO模块

图 5-71 西门子 PLC（主站）示意图　　　　图 5-72 适配器选型表

（2）集成的 ProfiNet 接口不仅用于编程、HMI 和 PLC 间的通信，通过开放的以太网协议还支持与第三方设备的通信。ProfiNet 接口带一个具有自动交叉网线（auto-cross-over）功能的 RJ45 连接器，可提供 10/100 Mbit/s 的数据传输速率，最多支持 16 个以太网连接及 TCP/IPnative、ISO-on-TCP 协议和 S7 自定义通信协议。

5.4.2 总控单元通信设置

各种通信的基础是一个预先组态好的网络，网络组态为通信提供了如下必需条件：

① 使网络中的所有设备具有唯一的地址；

② 使具有持续传输属性的设备之间可以通信。

各种计算机和终端设备（PC、PG、PLC、AS）均可使用物理接线和相应软件通过以太网连接到接口模块上，实现网络设备之间的数据交换，并通过电缆接线或无线网络方式（如WLAN）进行设备联网。

子网是网络的一部分，其参数需要与各设备（如 PROFIBUS）进行同步。子网中包括总线组件和所有连接的设备。各个子网可通过网关进行连接，形成一个网络。在实际应用中，子网和网络设备通常可以混用。

添加新设备的型号要与设备一致，"添加新设备"界面如图 5-73 所示。

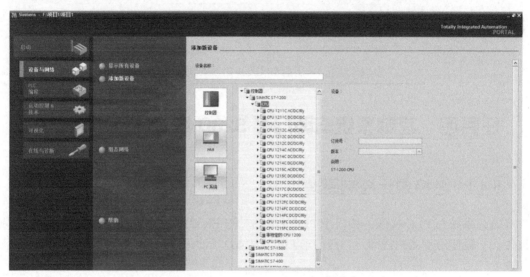

图 5-73　"添加新设备"界面

在弹出的界面中选择相应的控制器，然后将"FB8210"模块添加到硬件配置中，如图 5-74 所示。

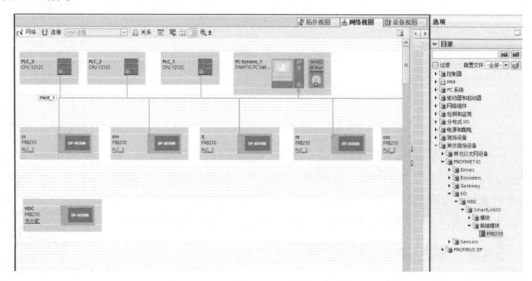

图 5-74　通信控制器模块选择

将 FB8210 模块的以太网地址改为与设备硬件的以太网地址一致的地址。设备的以太网接口具有一个默认 IP 地址，用户可以更改该地址。

IP 地址：如果具有通信功能的模块支持 TCP/CP 协议，则 IP 地址可见。IP 地址由 4 组 0～255 的十进制数字组成，各十进制数字间用点（.）隔开，如 192.168.0.100。

IP 地址包括：① IP 地址；② 子网掩码，如图 5-75 所示。

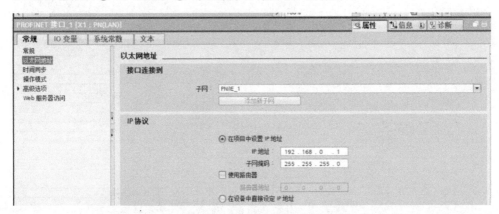

图 5-75　IP 地址设置实例

项目六　工业机器人工作站
与立库系统集成

思维导图

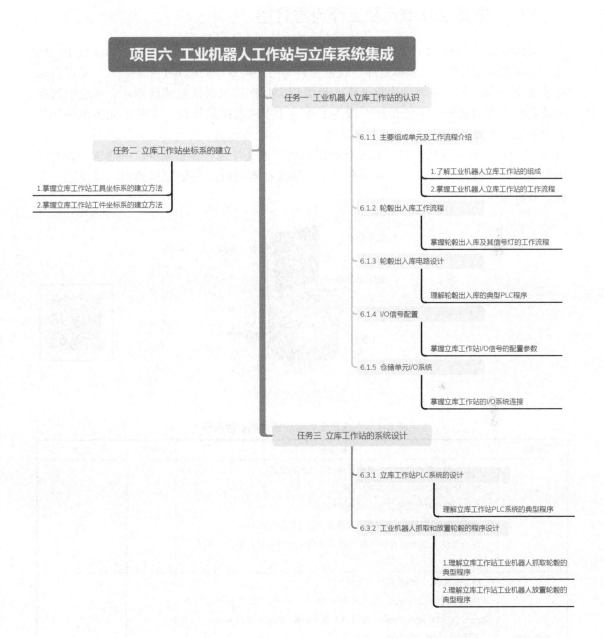

项目六 工业机器人工作站与立库系统集成

任务一 工业机器人立库工作站的认识

- 6.1.1 主要组成单元及工作流程介绍
  - 1.了解工业机器人立库工作站的组成
  - 2.掌握工业机器人立库工作站的工作流程
- 6.1.2 轮毂出入库工作流程
  - 掌握轮毂出入库及其信号灯的工作流程
- 6.1.3 轮毂出入库电路设计
  - 理解轮毂出入库的典型PLC程序
- 6.1.4 I/O信号配置
  - 掌握立库工作站I/O信号的配置参数
- 6.1.5 仓储单元I/O系统
  - 掌握立库工作站的I/O系统连接

任务二 立库工作站坐标系的建立

1.掌握立库工作站工具坐标系的建立方法
2.掌握立库工作站工件坐标系的建立方法

任务三 立库工作站的系统设计

- 6.3.1 立库工作站PLC系统的设计
  - 理解立库工作站PLC系统的典型程序
- 6.3.2 工业机器人抓取和放置轮毂的程序设计
  - 1.理解立库工作站工业机器人抓取轮毂的典型程序
  - 2.理解立库工作站工业机器人放置轮毂的典型程序

任务一　工业机器人立库工作站的认识

6.1.1　主要组成单元及工作流程介绍

立库单元是 CHL-DS-11 智能制造单元系统集成应用平台的功能单元，由远程 I/O 模块、电源模块、工作台、立体仓库、仓位物料等组件构成，如图 6-1 所示。为了实现自动存放多个不同产品，并解决传统仓库占地面积大且存放东西杂乱的问题，立体仓库的概念被提出，继而被应用于工作站，成为工作站中不可或缺的模块。立库单元各组成部分的参数规格如表 6-1 所示。智能仓储模块结合立体仓库概念，将仓库分隔成两行三列，共有 6 个仓位，每个仓位都具有独立传感器以判断该仓位是否存在零件，并通过点亮不同颜色的信号灯进行提示，而且每个仓位下方都连接着气缸，气缸可以弹出，以便进行存料、取料操作。

图 6-1　立库单元

表 6-1　立库单元各组成部分的参数规格

名称	参数规格	数量/个	备注
立体仓库	两行三列，共 6 个仓位，采用铝型材作为结构支撑； 每个仓位可存储 1 个轮毂零件； 仓位托盘可由气动推杆驱动推出和缩回； 仓位托盘底部设置有传感器，可检测当前仓位是否有零件； 每个仓位都有用来表明当前仓位仓储状态的指示灯，以及标识仓位编号	1	—
轮毂零件	铝合金材质，五幅轮毂缩比零件； 轮辋直径为 102mm，最大外圈直径为 114mm，轮辋内圈直径为 88mm，轮毂直径为 28mm，整体厚度为 45mm，轮辐厚度为 16mm； 正面有可更换的数控加工耗材安装板，直径为 37mm，厚度为 8mm，塑料材质； 零件正面、反面均有定位槽、视觉检测区域、打磨加工区域和二维码标签区域	6	—

名称	参数规格	数量/个	备注
远程 I/O 模块	支持 ProfiNet 总线通信； 最多支持适配 I/O 模块数量为 32 个； 最大传输距离为 100m（站与站之间的距离），最大总线速率为 100Mbit/s； 附带 3 个数字量输入模块，单模块 8 通道，输入信号类型为 PNP，输入电流典型值为 3mA，隔离耐压为 500V，隔离方式为光耦隔离； 附带 4 个数字量输出模块，单模块 8 通道，输出信号类型为源型，驱动能力为 500mA/通道，隔离耐压为 500V，隔离方式为光耦隔离； 在工作台台面上布置有远程 I/O 适配器的网络通信接口，方便接线	1	具备基于 ProfiNet 的远程 I/O
工作台	铝合金型材结构，工作台式设计，台面可安装功能模块，底部柜体内可安装电气设备； 台面长为 680mm，宽为 680mm，厚为 20mm； 底部柜体长为 600mm，宽为 600mm，高为 700mm； 底部柜体四角安装有脚轮，轮片直径为 50mm，轮片宽度为 25mm，可调高度为 10mm； 工作台台面上布有合理的线槽，方便控制信号线和气路布线，且电、气分开； 底部柜体上端和下端四周布有线槽，方便电源线、气管和通信线布线； 底部柜体门板为快捷可拆卸设计，每个门板完全相同可互换安装	1	—

CHL-DS-11 智能制造单元系统集成应用平台以汽车行业的轮毂为产品对象，在本项目中通过对 PLC、工业机器人进行编程调试，根据视觉检测结果对轮毂进行操作，最终实现轮毂出入库的生产工艺环节，如图 6-2 所示，具体工作流程如下。

（1）根据任务要求完成相应动作。

（2）正常使用工业机器人快换工具。

（3）正常拾取轮毂产品。

（4）准确放置轮毂产品。

图 6-2　轮毂从立库单元出入库

6.1.2　轮毂出入库工作流程

轮毂出入库工作流程如图 6-3 所示。在轮毂出入库之前，需要将执行单元中的工业机器人恢复成安全姿态；然后，执行单元利用滑台模块平移至仓储单元操作位置，此时仓位绿色信号灯亮；仓储单元将放置有轮毂的仓位托盘推出；工业机器人从仓位托盘上取出轮毂零件；工业机器人恢复安全姿态；停留一点时间后，仓位托盘缩回，此时仓位红色信号灯亮,轮毂零件的出入库过程完成。

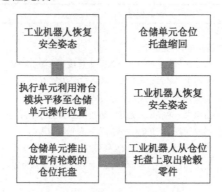

图 6-3　轮毂出入库工作流程

轮毂出入库信号灯控制电路如图 6-4 所示,具体过程如下。

(1)当仓位上的光电传感器感应到轮毂时,I1.0 接通,输出仓位 1 绿色信号灯 Q1.1。

(2)当仓位上的光电传感器没有感应到轮毂时,I1.0 断开,同时利用 RLO 取反指令,输出仓位 1 红色信号灯 Q1.0。

图 6-4　轮毂出入库信号灯控制电路

仓位 1 信号灯的显示如图 6-5 所示。

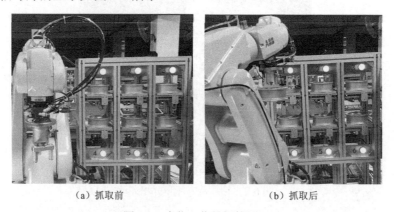

（a）抓取前　　　　　　　　　　　　（b）抓取后

图 6-5　仓位 1 信号灯的显示

6.1.3　轮毂出入库电路设计

轮毂出入库电路设计如图 6-6 所示,具体过程如下。

(1)当仓位上的光电传感器感应到轮毂时,I1.5 接通;此时若工业机器人请求 I12.0 接通,则输出仓位 6 伸缩气缸 Q3.5 和仓位 6 取出记忆 M333.1。

（2）当仓位 6 伸缩气缸推出到位时，气缸推出到位信号 I2.5 闭合，PLC 给工业机器人发送仓位 6 允入信号 M222.1 和仓储单元允入信号 M222.0。

（3）当工业机器人发送 RB 取料完成信号 I12.1 给 PLC 时，I12.1 接通，输出仓位 6 伸缩气缸 Q3.5、仓位 6 允入信号 M222.1 和仓储单元允入信号 M222.0 复位。

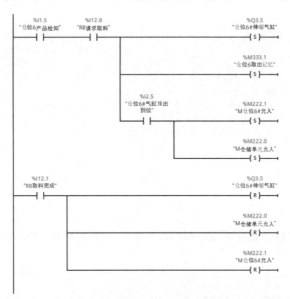

图 6-6 轮毂出入库电路设计

以 1 号仓储轮毂为例，其具体出库过程如图 6-7 所示。

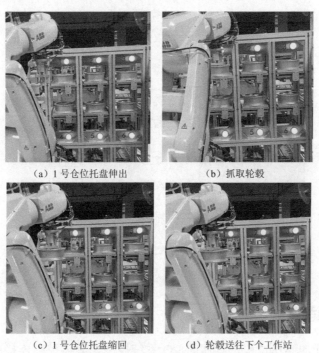

（a）1 号仓位托盘伸出　　　　　（b）抓取轮毂

（c）1 号仓位托盘缩回　　　　　（d）轮毂送往下个工作站

图 6-7 1 号仓储轮毂出库过程

6.1.4 I/O 信号配置

在硬件中，系统与 PLC 接线：西门子 PLC（主站）与 FR8210 适配器通过 ProfiNet 通信线缆连接，一般使用百兆网线即可。硬件配置如图 6-8 所示。

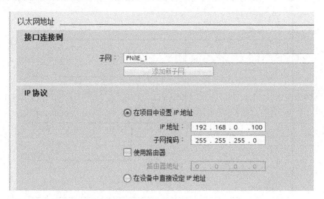

图 6-8　硬件配置

在软件中，博图设备组态以太网地址与硬件设备的地址相同。仓储单元信号连接图如图 6-9 所示。

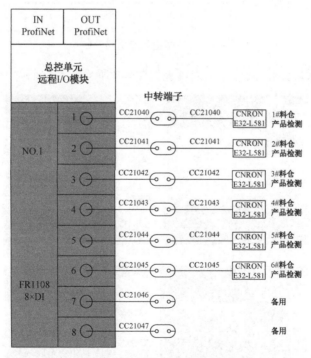

图 6-9　仓储单元信号连接图

6.1.5 仓储单元 I/O 系统

轮毂仓储单元的操作过程由具体的 I/O 系统控制，具体控制连接图如图 6-10 所示。

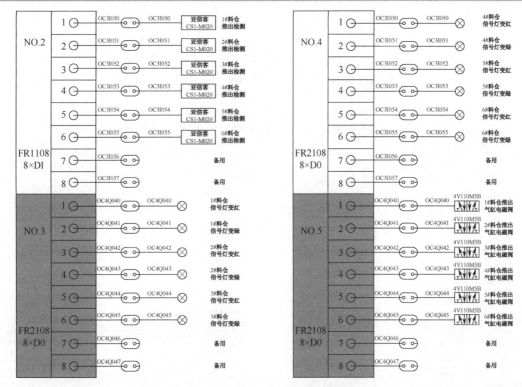

图 6-10　仓储单元 I/O 系统连接图

任务二　立库工作站坐标系的建立

1. 工具坐标系的建立

在工业机器人使用的坐标系统中，工具坐标系是比较重要的内容。建立工具坐标系，一方面可以很方便地让立库工作站的工业机器人绕着所定义的点做空间旋转运动，从而很方便地把工业机器人调整到需要的姿态；另一方面在更换工具时，只需要按照第一个工具设置 TCP 的方法重新设置 TCP，无须重新示教工业机器人轨迹，即可实现立库工作站轨迹的纠正。工具坐标系的具体建立过程如下。

（1）将示教器调整为手动模式，然后单击"主菜单"图标，单击"手动操纵"选项，如图 6-11 所示。

（2）在弹出的界面中，单击"工具坐标"选项；在弹出的界面中，单击"新建"按钮，如图 6-12 所示。

（3）在弹出的界面中的"名称"文本框中输入工具名称"tool 1"，单击"确定"按钮，完成工具的建立；选中"tool 1"选项，单击"编辑"下拉列表中的"定义"选项，如图 6-13 所示。

图 6-11　调整为手动模式

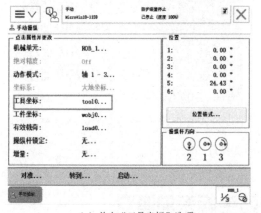

（a）单击"工具坐标"选项　　　　　　　　（b）单击"新建"按钮

图 6-12　新建工具坐标

 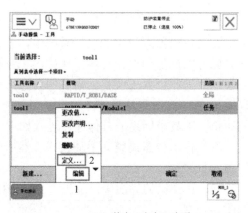

（a）命名工具名称　　　　　　　　　　　（b）单击"定义"选项

图 6-13　编辑工具坐标

（4）在弹出的界面中，单击"方法"下拉列表，选择"TCP 和 Z，X"选项，使用六点法设定 TCP；选择合适的手动操纵模式，如图 6-14 所示。

（a）选择 TCP 设定方法　　　　　（b）选择模式

图 6-14　设定 TCP 并选择模式

（5）按下使能按钮，操纵手柄靠近固定点，并将该点作为第一个点，单击"修改位置"按钮完成点 1 的姿态修改，如图 6-15 所示。

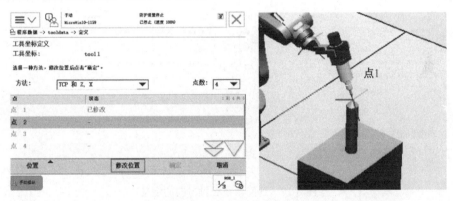

图 6-15　点 1 的姿态修改

（6）按照步骤（5）的操作依次完成点 2、点 3、点 4 的姿态修改，如图 6-16 所示。

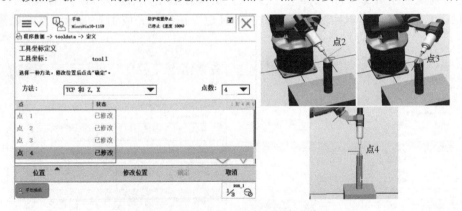

图 6-16　点 2、点 3 和点 4 的姿态修改

（7）控制工具参考点以点 4 的姿态从固定点移动到 TCP 的+X 轴方向；单击"修改位置"按钮，完成延伸器在 X 轴方向的定义，如图 6-17 所示。

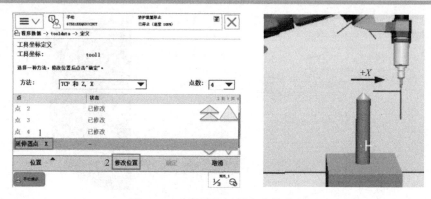

图 6-17　延伸器在 X 轴方向的定义

（8）控制工具参考点以点 4 的姿态从固定点移动到 TCP 的+Z 轴方向；单击"修改位置"按钮，完成延伸器在 Z 轴方向的定义，如图 6-18 所示。单击"确定"按钮，查看误差，误差值越小越好，但要以实际验证效果为准。

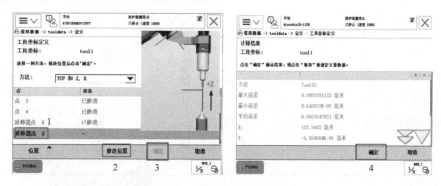

图 6-18　延伸器在 Z 轴方向的定义

（9）选中"tool 1"选项，然后执行"编辑"→"更改值"命令，进入"编辑"界面，单击向下箭头向下翻页，将"mass"改为工具的实际重量（单位为 kg）；编辑工具中心坐标 X 轴、Y 轴、Z 轴，以实际为准，单击"确定"按钮，完成工具坐标设置，如图 6-19 所示。

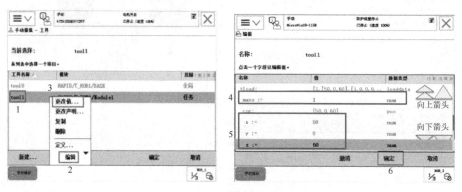

图 6-19　工具坐标的设置

（10）按照工具重定位运动模式，将"坐标系"设置为"工具"；将"工具坐标"设置为"tool1"，可看见 TCP 始终与工具参考点保持接触；单击 ABB 工业机器人示教器的上电按钮后，通过操纵手动操纵杆改变工业机器人姿态，可以看到工业机器人根据重定位操作绕着 X 轴、Y 轴、Z 轴旋转，如图 6-20 所示。工业机器人在工具重新安装、工具更换及工具使用后出现运动误差的情况下，都需要进行工具坐标系的重定位。值得注意的是，工业机器人的工具坐标系的定义一般在 USER 模块中进行，通常采用六点法定义（焊接工业机器人必须用六点法定义）；为操作方便，点 4 最好采用垂直定义。

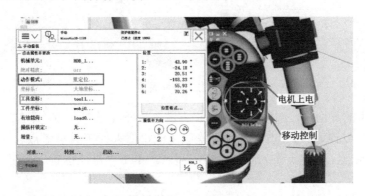

图 6-20　重定位操作

2. 工件坐标系的建立

在工业机器人使用的坐标系统中，工件坐标系是另一个比较重要的内容。建立工件坐标系，一方面在重新定位立库工作站中的工件时，只需要更改工件坐标的位置，所有路径即可随之更新；另一方面允许操作以外部轴或传送导轨移动的工件，因为整个工件可连同其路径一起移动。同时，在工件坐标系中联合使用工业机器人寻找指令（search）与 wobj，可以使工业机器人工作位置更柔性，而不拘泥于系统提供的基坐标系和大地坐标系这几种固定的坐标系。工件坐标系的具体建立过程如下。

（1）在 ABB 工业机器人示教器的主菜单界面中单击"手动操纵"选项，在"手动操纵"界面中将"工件坐标"设置为"wobj0…"（默认工件坐标为 wobj0）。若需新建一个工件坐标，单击"新建"按钮即可完成，如图 6-21 所示。

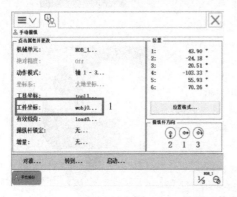

图 6-21　设置工件坐标

（2）工件坐标声明属性设置。通过声明可以改变工件变量在程序模块中的使用方法。设置好相应声明属性后，单击"确定"按钮；执行"编辑"→"定义"命令，如图 6-22 所示。

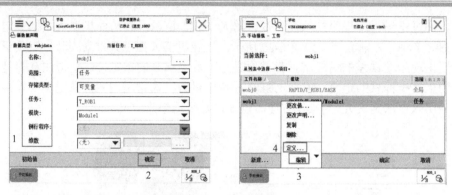

图 6-22 定义属性

（3）在弹出的界面中，选择合适的用户方法，此处选择 3 点法，即 X1、X2、Y1 三点；将"用户方法"设置为"3 点"后，手动操纵工业机器人的工具参考点，使其靠近定义工件坐标的 X1 原点，将此点作为工件坐标的起点。单击"修改位置"按钮，记录点 X1，如图 6-23 所示。

（4）手动操纵工业机器人的工具参考点，使其靠近定义工件坐标的点 X2，并将此点作为工件坐标的点 2，单击"修改位置"按钮，将点 X2 记录下来；手动操纵工业机器人的工具参考点，使其靠近定义工件坐标的 Y1 点，完成位置修改，单击"确定"按钮，即可完成 3 点位置设定，如图 6-24 所示。

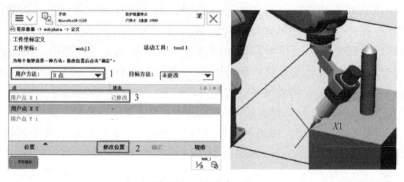

图 6-23 设置点 X1

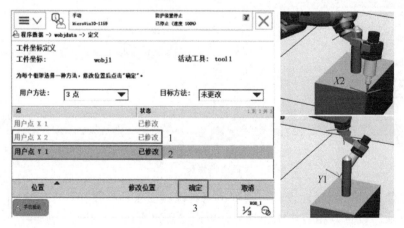

图 6-24 设置点 Y1、点 X2

（5）系统弹出"保存修改的点"提示框，单击"是"按钮；将校准点保存在新的 RAPID 模块中，系统弹出确认校准数据界面，单击"确定"按钮修改即可生效，如图 6-25 所示。值得说明的是，点 $X1$ 和点 $X2$ 之间以及点 $X1$ 与点 $Y1$ 之间的距离越大，定义就越精确。

图 6-25　完成工件坐标系定义

任务三　立库工作站的系统设计

6.3.1　立库工作站 PLC 系统的设计

采用 PLC 控制系统来实现立库工作站中的轮毂出入库操作的控制程序如下所示：

```
IF "ib2" = 1 THEN
    IF "c1" THEN
        "qb" := 7;
    ELSE
        "qb" := 8;
    END_IF;
END_IF;
IF "ib2" = 2 THEN
    IF "c2" THEN
        "qb" := 7;
    ELSE
        "qb" := 8;
    END_IF;
END_IF;
IF "ib2" = 3 THEN
    IF "c3" THEN
        "qb" := 7;
    ELSE
        "qb" := 8;
    END_IF;
END_IF;
IF "ib2" = 4 THEN
```

```
        IF "c4" THEN
            "qb" := 7;
        ELSE
            "qb" := 8;
        END_IF;
    END_IF;
    IF "ib2" = 5 THEN
        IF "c5" THEN
            "qb" := 7;
        ELSE
            "qb" := 8;
        END_IF;
    END_IF;
    IF "ib2" = 6 THEN
        IF "c6" THEN
            "qb" := 7;
        ELSE
            "qb" := 8;
        END_IF;
    END_IF;
    IF "ib" >= 1 AND "ib" <= 6 THEN
        #H := 2 ** ("ib" - 1);
        "仓储气缸" := #H;
    END_IF;
    IF "ib" = 9 THEN
        "仓储气缸" := 0;
    END_IF;
    "R_TRIG_DB"(CLK:="仓储气缸1"=1);
    "R_TRIG_DB_1"(CLK:="仓储气缸2"=1);
    "R_TRIG_DB_2"(CLK:="仓储气缸3"=1);
    "R_TRIG_DB_3"(CLK:="仓储气缸4"=1);
    "R_TRIG_DB_4"(CLK:="仓储气缸5"=1);
    "R_TRIG_DB_5"(CLK:="仓储气缸6"=1);
    IF "R_TRIG_DB".Q THEN
        IF "c1" THEN
            #G[1] := 1;
        ELSE
            #G[1] := 2;
        END_IF;
    END_IF;
    IF "R_TRIG_DB_1".Q THEN
        IF "c2" THEN
            #G[2] := 1;
        ELSE
            #G[2] := 2;
        END_IF;
    END_IF;
    IF "R_TRIG_DB_2".Q THEN
        IF "c3" THEN
            #G[3] := 1;
        ELSE
```

```
            #G[3] := 2;
        END_IF;
    END_IF;
    IF "R_TRIG_DB_3".Q THEN
        IF "c4" THEN
            #G[4] := 1;
        ELSE
            #G[4] := 2;
        END_IF;
    END_IF;
    IF "R_TRIG_DB_4".Q THEN
        IF "c5" THEN
            #G[5] := 1;
        ELSE
            #G[5] := 2;
        END_IF;
    END_IF;
    IF "R_TRIG_DB_5".Q THEN
        IF "c6" THEN
            #G[6] := 1;
        ELSE
            #G[6] := 2;
        END_IF;
    END_IF;
    "IEC_Timer_0_DB".TON(IN:="仓储气缸"=0, PT:=T#2.2s);
    IF "IEC_Timer_0_DB".Q THEN
        #G[1] := 0;
        #G[2] := 0;
        #G[3] := 0;
        #G[4] := 0;
        #G[5] := 0;
        #G[6] := 0;
    END_IF;
```

6.3.2　工业机器人抓取和放置轮毂的程序设计

1. 轮毂抓取程序设计

轮毂抓取程序如下：

```
PROC Rgethub()
MoveAbsJ home\NoEOffs, v1000, fine, tool0;   //工业机器人姿态回归初始位//
SetGO OUT, 1;                                //工业机器人输出组信号1//
WaitDI 8 ;                                   //等待PLC输入组信号8//
    IF IN = 1 THEN                           //如果PLC输入组信号1,则执行下列程序//
        hubnum := 1;                         //hubnum赋值为1//
        Rservo 400;                          //伺服轴运动到400rad/min//
    ELSEIF IN = 2 THEN                       //如果PLC输入组信号2,则执行下列程序//
        hubnum := 2;                         //hubnum赋值为2//
        Rservo 570;                          //伺服轴运动到570rad/min//
    ELSEIF IN = 3 THEN                       //如果PLC输入组信号3,则执行下列程序//
        hubnum := 3;                         //hubnum赋值为3//
```

```
          Rservo 740;                          //伺服轴运动到740rad/min//
      ELSEIF IN = 4 THEN                        //如果PLC输入组信号4，则执行下列程序//
          hubnum := 4;                          //hubnum赋值为4//
          Rservo 400;                          //伺服轴运动到400rad/min//
      ELSEIF IN = 5 THEN                        //如果PLC输入组信号5，则执行下列程序//
          hubnum := 5;                          //hubnum赋值为5//
          Rservo 570;                          //伺服轴运动到570rad/min//
      ELSEIF IN = 6 THEN                        //如果PLC输入组信号6，则执行下列程序//
          hubnum := 6;                          //hubnum赋值为6//
          Rservo 740;                          //伺服轴运动到740rad/min//
      ENDIF
      Move p230, v300, fine, tool0;            //工业机器人以关节运动方式运动到p230//
      //工业机器人以关节运动方式运动至area_2_{hubnum}，Z轴偏移30mm//
      MoveJ Offs(area_2_{hubnum},0,0,30), v100, fine, tool0;
      //工业机器人以直线运动方式运动至area_2_{hubnum}//
      MoveL area_2_{hubnum}, v100, fine, tool0;
      D021;                                    //拿轮毂//
      //工业机器人以直线运动方式，运动至点area_2_{hubnum}，Z轴偏移30mm//
      MoveL Offs(area_2_{hubnum},0,0,30), v100, fine, tool0;
      MoveJ p230, v300, fine, tool0;//工业机器人以关节运动方式运动到p230//
      SetGO OUT, 2;//工业机器人输出组信号2，工业机器人拿轮毂完成//
      MoveAbsJ home\NoEOffs, v1000, fine, tool0;//工业机器人姿态回归初始位//
      SetGO OUT, 0;                            //工业机器人组信号置位为0//
  ENDPROC
```

2. 轮毂放置程序设计

轮毂放置程序如下：

```
  PROC Rputhub()
  MoveAbsJ home\NoEOffs, v1000, fine, tool0;//工业机器人姿态回归初始位//
  SetGO OUT, 3;              //工业机器人输出组信号3，工业机器人请求放轮毂//
  WaitDI 8 ;                 //工业机器人等待一个信号8输入//
  IF IN = 1 THEN             //如果PLC输入组信号1，则执行下列程序//
      hubnum := 1;           //hubnum赋值为1//
      Rservo 400;            //伺服轴运动到400rad/min//
  ELSEIF IN = 2 THEN         //如果PLC输入组信号2，则执行下列程序//
      hubnum := 2;           //hubnum赋值为2//
      Rservo 570;            //伺服轴运动到570rad/min//
  ELSEIF IN = 3 THEN         //如果PLC输入组信号3，则执行下列程序//
      hubnum := 3;           //hubnum赋值为3//
      Rservo 740;            //伺服轴运动到740rad/min//
  ELSEIF IN = 4 THEN         //如果PLC输入组信号4，则执行下列程序//
      hubnum := 4;           //hubnum赋值为4//
      Rservo 400;            //伺服轴运动到400rad/min//
  ELSEIF IN = 5 THEN         //如果PLC输入组信号5，则执行下列程序//
      hubnum := 5;           //hubnum赋值为5//
      Rservo 570;            //伺服轴运动到570rad/min//
  ELSEIF IN = 6 THEN         //如果PLC输入组信号6，则执行下列程序//
      hubnum := 6;           //hubnum赋值为6//
      Rservo 740;            //伺服轴运动到740rad/min//
```

```
        ENDIF
        Move p230, v300, fine, tool0;    //工业机器人以关节运动方式运动到p230//
        //工业机器人以关节运动方式，运动至area_2_{hubnum}，Z轴偏移30mm//
        MoveJ Offs(area_2_{hubnum},0,0,30), v100, fine, tool0;
        //工业机器人以直线运动方式，运动至area_2_{hubnum}//
        MoveL area_2_{hubnum}, v100, fine, tool0;
        D020;                            //工业机器人放轮毂//
        //工业机器人以直线运动方式，运动至area_2_{hubnum}，Z轴偏移30mm//
        MoveL Offs(area_2_{hubnum},0,0,30), v100, fine, tool0;
        MoveJ p230, v300, fine, tool0;  //工业机器人以关节运动方式运动到p230//
        SetGO OUT, 2;          //工业机器人输出组信号2，工业机器人拿轮毂完成//
        MoveAbsJ home\NoEOffs, v1000, fine, tool0; //工业机器人姿态回归初始位//
        SetGO OUT, 0;                           //工业机器人组信号置位0//
        ENDPROC
```

反侵权盗版声明

　　电子工业出版社依法对本作品享有专有出版权。任何未经权利人书面许可，复制、销售或通过信息网络传播本作品的行为；歪曲、篡改、剽窃本作品的行为，均违反《中华人民共和国著作权法》，其行为人应承担相应的民事责任和行政责任，构成犯罪的，将被依法追究刑事责任。

　　为了维护市场秩序，保护权利人的合法权益，我社将依法查处和打击侵权盗版的单位和个人。欢迎社会各界人士积极举报侵权盗版行为，本社将奖励举报有功人员，并保证举报人的信息不被泄露。

举报电话：（010）88254396；（010）88258888

传　　真：（010）88254397

E-mail：　dbqq@phei.com.cn

通信地址：北京市万寿路 173 信箱

　　　　　电子工业出版社总编办公室

邮　　编：100036